中国梦视阈下的生态文明建设及生态文明观培养

韩玉玲 著

吉林出版集团股份有限公司

图书在版编目（CIP）数据

中国梦视阈下的生态文明建设及生态文明观培养 /
韩玉玲著. — 长春：吉林出版集团股份有限公司，
2019.6（2025.1重印）
ISBN 978-7-5581-6939-7

Ⅰ. ①中… Ⅱ. ①韩… Ⅲ. ①生态环境建设－研究－
中国②生态环境－环境教育－研究－中国 Ⅳ.
①X321.2

中国版本图书馆 CIP 数据核字 (2019) 第 103997 号

著　　者	韩玉玲
责任编辑	齐　琳　史俊南
封面设计	牧野春晖
开　　本	710mm×1000mm　1/16
字　　数	224 千字
印　　张	12.75
版　　次	2019 年 7 月第 1 版
印　　次	2025 年 1 月第 2 次印刷

出　　版	吉林出版集团股份有限公司
电　　话	010-63109269
印　　刷	炫彩(天津)印刷有限责任公司

ISBN 978-7-5581-6939-7　　　　　定价：56.00 元

前　　言

　　生态文明，是一个在全面建设小康社会中被反复提及的词，也是习近平总书记十分重视的一个词。无论在国内主持重要会议、考察调研，还是在国外访问、出席国际会议活动，习近平总书记经常强调建设生态文明、维护生态安全，有关的重要讲话、论述、批示近百次。"绿水青山就是金山银山""APEC 蓝""乡愁"等"习式生态词汇"也广为人知。

　　2013 年 2 月，联合国环境规划署第 27 次理事会将来自中国的生态文明理念写入决议案。2016 年 5 月，联合国环境规划署发布《绿水青山就是金山银山：中国生态文明战略与行动》报告。十八大以来，从积极促成《联合国气候变化框架公约》，到签署《巴黎协定》，再到十九大报告提出"积极参与全球环境治理，落实减排承诺"，中国正在以自己的实际行动承担生态环境保护的国际责任，践行生态中国、绿色中国的理念。"生态兴则文明兴，生态衰则文明衰。"同年 5 月，习近平在主持中共中央政治局第六次集体学习时指出："生态环境保护是功在当代、利在千秋的事业。"这是对生态与文明关系的鲜明阐释，彰显了中国共产党人对人类文明发展规律、自然规律和经济社会发展规律的深刻认识。从长远来看生态文明是全面建设小康社会，实现美丽中国梦的重要战略规划，是实现中华民族伟大复兴的重要选择。

　　本书从我国生态文明建设的理论与现状基础上，深入的分析与研究了建设生态中国，实现美丽中国梦的各个维度，共分八章对研究主题进行了论述。第一章分析研究了生态文明与美丽中国梦的基本关系，第二章从不同的角度研究了生态文明作为中国梦实现的思想基础包含的主要理念，第三章对推进生态文明中国建设的机遇与经验进行了研究，第四章对中国特色的生态文明理论体系进行了论述。第五章分析了生态经济观，第六章研究了绿色科技对实现美丽中国梦的推动，第七章从社会观角度对美丽中国梦的实现进行了研究，第八章对高校学生生态文明观的培养进行了分析。

本书在写作过程中，参考了众多专家学者的研究成果，在此表示诚挚的感谢！由于时间和精力的限制，本书在写作过程中可能会出现漏洞或是不完善的地方，恳请广大读者积极给予指正，以便使本书不断完善！

作　者
2018 年 4 月

目　　录

第一章 生态文明与美丽中国梦

在现代社会，美丽中国是建设中国生态文明的最终目标，也只有实现生态文明，才是最终建构美丽中国的唯一途径。随着我国经济的快速发展，我国的生态环境却面临越来越严重的问题，这一情况的出现，对于我国经济的可持续发展是极为不利的。由此，党和国家领导人提出了建设美丽中国的目标，全面提高我国经济发展质量，拓宽经济发展的空间。建设美丽中国目标的提出，是中国共产党执政理念创新的重要表现，是对建设有中国特色社会主义事业的进一步完善，对于我国全面建设小康社会目标的实现也是极为有利的。只有在全国各界人士的共同努力下，建设美丽中国的目标才能最终实现，做为政府层面来说，要充分发挥带头作用，带领企业、公众各司其职，在全社会形成强大的凝聚力，共建生态文明。

第一节 生态文明的内涵和特点

中国在实行改革开放之后，国内的生态问题日益严重，并逐渐成为全球都关注的问题，为改变这一情况，我国相继推出了"可持续发展"、"科学发展观"等多项策略，在全国范围内推行生态保护的观念。2007，胡锦涛在党的十七大报告中，明确地提出了"建设生态文明"的概念，并将其作为了全面建设小康社会的一项重要目标。2012 年，在党的十九大报告中，"生态文明建设"的概念再次被重申，要引起全社会各界人士的重视。这些措施都体现出，中国共产党认识到了人类社会发展规律，要科学建设社会主义社会，这同时也表明，我国的生态文明时代即将到来。中国作为一个发展中国家，在生态文明到来的时期，也必须要认识到建设生态文明对于全人类的重要意义。在全面建设生态文明的过程中，必须要正视生态文明对于社会可持续发展的重要意义，这对未来我们的政策制定和实行具有重要的指导意义。

一、生态文明及其内涵

在 2012 年，在党的十九大报告中，习近平总书记提出，"人与自然是生命共同体，人类必须尊重自然、顺应自然、保护自然，我们要加快生态文明体制改革，建设美丽中国。"此后，随着建设生态文明政策措施的制定和实行，在全社会范围内基本上已经形成了生态文明的重要意识，认识到了生态文明的重要性。在我国社会发展历程中，将生态文明建设作为其中的一个重要环节，不仅有利于我国经济的可持续发展，并且对于全世界人类子孙后代的繁衍与发展都具有重要的意义。

（一）生态文明

所谓生态文明，是指人类在经济发展与社会活动过程当中，遵循自然界发展、运行的规律，优化人类与自然资源、生态环境的关系，为人类的可持续发展奠定基础，为经济、社会、环境的协调发展创造条件。生态文明是社会发展的必然要求与客观规律，它随着人类对自然界的认识的不断加深而产生，是人类文明发展到高级阶段的产物。生态文明不仅关系到社会发展的稳定性与可持续性，还关系到人类的生存与发展，他的涉及范围十分宽广，并且与当前的社会发展以及人们的生活息息相关。生态文明是一项复杂、庞大的工程，因此在建设生态文明时，要从整体出发，对社会与经济的发展进行全面的协调，对人类的发展方式进行根本性的变革与优化。工业文明是生态文明产生的基础，但工业文明与生态文明在目标上并不一致，生态文明是对工业文明的优化与发展，可以说是升级之后的工业文明。生态文明最终的目的是实现人类与自然环境的和谐相处，促进人类文明的可持续发展。生态文明社会是："一种理想的社会形态，其内涵表现在四个方面：生产发展、生活富裕、生态良好的整体性；经济与人口、资源、环境协调发展的一致性；生态意识成为社会主流价值观的共识性；人与自然和谐相处的共生性。"

（二）生态文明的核心

生态文明的核心要素是人类与自然环境，核心关系是和谐，这两点在生态文明的建设中体现在各个方面。比如，不同的产业有不同的生产方式与生产要素，在这些生产方式与生产要素中核心的表现是生产与发展的关系，人和自然的关系成为不可忽视的一个方面。

原始社会的人类，由于生产力水平较低，没有种植业与制造业，主要依靠狩猎和采集满足生存需求。在这个时期人类对自然的认识与理解停留在很浅的层次，人类的发展受制于自然环境与自然条件，人类对存在自然发自内心的敬畏，并在长期的生活中形成了以图腾崇拜为代表的自然崇拜观。这时人类对自然环境的影响较小，并且盲目地崇拜与顺从自然。

随着生产力的发展与人类认识水平的提高，农业文明逐渐取代了原始文明，农耕成为人类谋求生存与发展的主要手段，这一时期人类的发展虽然受到自然条件的影响与限制，但已经摆脱了对自然环境的完全依赖，人类对自然的态度也产生了很大的变化。在农业文明时期人类对自然虽然依然存在敬畏，但已经开始积极的探索与改造自然环境，由于认识水平有限，对自然的影响与破坏仍在自然环境的承受范围之内，人类没有做出大规模破坏环境的行为。

工业革命是一场改变世界的生产变革，它将人类从落后的农业时代带入了工业时代，人类的生产力水平与认识水平迅猛发展，不断产生新的技术与发明被并应用到工业生产当中。由于认识的历史局限性，在工业社会发展之初人们并没有意识到自然资源的不可再生性，过度的利用与开采自然资源对生态环境产生了不可逆转的破坏，人类社会的发展开始出现自然资源危机。在工业社会由于生产力的发展，人类与自然环境的关系发生了根本性的改变，表现为：人类开始奴役自然、掠夺自然、榨干自然，自然环境持续恶化并威胁人类的生存与发展。

从上面的描述中我们可以得出：随着人类生产力水平的不断变化，人类与自然的关系不断变化，人类从原始文明到工业文明，与自然环境之间经历了曲折、复杂的关系，人类与自然的关系由最开始的相互依存发展为工业社会时期的相互对立。

今天，我们所说的生态文明是对人与自然关系的重新定位，它脱胎于工业文明对自然环境的负面影响，致力于改善当前人类与自然的对立关系，以重新实现人类与自然环境的和谐相处。生态文明虽然追求人类与自然环境的协调发展，但并不主张人类消极的回归自然，然后自然环境主导人类的生存与发展。我们对生态文明的理解要全面、客观，在保证人类文明不断进步的前提下，对人类利用自然的方式进行改变，减少对自然环境的破坏，将人类发展的长远利益放在经济发展的重要位置。

人类在发展自身的同时，会不断产生新的知识，发现新的技术手段，这些技术作为工业文明的产物应该积极运用到改善自然环境当中，利用现代文明成果对自然环境进行保护与修复，这是人类在生态文明建设中应该积极探索的道路，从而实现人类与自然环境的协调发展。

二、生态文明的特征

(一) 整体性

生态文明是人类文明进步的体现，它是在工业文明发展到一定的阶段之后产生的。生态文明相比于工业文明更加重视自然环境在人类文明发展中的作用，它将自然环境之于人类生存的前提作用摆放到人类文明发展的首要考虑要素。人类的生存环境是一切文明成果的前提，即使人类拥有了先进的文明与丰富的物质生活，如果离开地球的生态系统，那么一切都没有意义。根据生物学和生态学的安全，自然界中各种物质与生命之间都是相互联系的，一旦其中的某个要素发生改变，那么就会引发多米诺骨牌效应一样，对整个生态系统造成严重的伤害，使其失去原本的功能，人类不可避免地会受到影响。在理解与建设生态文明的过程中，一定要学会以自然界的视角来审视人类的生存与发展，用联系的观点看待自然环境与人类发展之间的关系，在处理二者的关系时对自然环境给予最大的尊重。经济的发展离不开自然资源的供给，但在经济发展过程中，我们向自然界的资源索取要有限度，将人类的发展置身到自然界的整体运行与发展的系统之中。

（二）综合性

生态文明是人类文明发展的高级形态，从内涵上来说它外缘广阔，它不仅仅强调对自然资金、自然环境的保护，同时也十分注重物质文明的发达、精神文明的富足、政治文明的和谐，生态文明的和谐理念适用于社会发展的各个领域。在生态文明发展观下，人们必须转变自己的思想与发展理念，将和谐发展的思路落实到位，不断变革生产方式与生产技术，促进人类社会的和谐发展。工业文明时代经济学、自然科学、环境科学、人类学大多数情况下处于孤立发展的境地，在生态文明当中，这些要素要充分的互动、融合，形成新的发展理念，保证人类社会的和谐发展。

（三）循环性

生态文明在经济运行过程中显示出的根本性的特征，揭示了自然界物质循环的基本规律，生态文明对自然规律的尊重是其发展科学性的由来，也是生态文明发展观进步性的根源。从生态学的角度考虑，一个健康、稳定的生态系统，是不断发生内部与外部进行物质交换的，整个系统在物质的流动与循环中实现平衡。生态文明发展理念充分借鉴了生态系统的发展规律，它不仅要求经济社会发展内部之间不断进行文明成果的交换，还对整个生态系统与人类社会发展的成果交换进行了规划，能够促进人类社会的协调发展。生态文明的运行我们可以将其基本模式总结为"资源——产品——再生资源"的循环模式，在生态文明发展系统中废弃物产生量较少或者不产生废弃物，对自然资源进行最大化地利用，同时产物能够重新回到循环系统当中，人类只需要少量的资源代价，就可以维持整个生态文明系统的运转，从而保护人类赖以生存、发展的自然环境。

（四）知识性

生态文明的发展需要工业文明创造的物质条件，但从生态文明的发展角度来看，人类的智慧与科技水平才是促进生态文明发展的基础。这一特点与工业文明时代人类社会发展进步的投入有很大区别，改变了以往以物质投入、资源消耗为代价的发展模式，是一种智慧程度较高的发展模式。生态文明的主要因素是技术，因此在发展生态文明的过程当中，我们要不断的探索新的知识与技术，并将这些新技术应用到人类社会的发展过程当中，实现无污染的发展状态。生态文明的出现标志着人类的发展理念产生了一次根本性的变化，盲目的追求物质生产已经逐渐被人们所抛弃，利用科学与智慧发展经济成为人类追求的理想发展模式。

(五) 公正性

生态文明的核心理念是人与自然和谐发展、人与社会和谐发展、人与人和谐发展，在发展生态文明的过程当中，要坚持全面建设小康社会的战略规划，保护自然环境、统筹城乡发展、统筹区域发展，坚持共同富裕的基本原则，实现我国社会的和谐发展。生态文明的建设要坚持和谐发展理念，这种和谐不仅包括人与自然的和谐，还要保证社会发展的和谐，保证区域发展的公平性，促进整个社会的发展与进步，在生态文明发展理念下，我国社会主义建设必将获得新的发展。

(六) 可持续性

生态文明是人类文明面向未来的一种发展选择，人们最为重视的是其发展的可持续性。我们知道人类生存需要的基本要素都是从自然环境中获取的，而生态文明最重要的部分就是对自然环境的保护，对人类生存环境的维护，因此生态文明是一种以人类生存为基础考量的发展理念。经济的发展是人类文明的物质成果，也是人类文明水平的标志，经济进步可以为人类的发展提供更多的物质成果，生态文明建设将经济的发展与自然环境的保护统一起来，从发展的角度和全局利益对经济发展进行规划与协调，这是其他发展理念所不具备的。可持续性要求人类的发展要对子孙后代负责，为他们的发挥保留足够的资源，这是每一个地球出生的人类都应该享有的基本权利，代际的发展公平也是生态文明理念可持续发展性的一个重要体现，它为人类未来的发展留足了资源。

三、生态文明是人类历史和世界文明发展的潮流

(一) 生态文明是人类文明发展的历史趋势

人类社会发展发展大致需要经历三个阶段，原始文明、农业文明和工业文明。在发展到后期的时候，随着工业文明和信息文明的进一步发展，生态文明也随之出现。在工业文明时期，人们最为看重的是经济的发展，并且以获取更多的经济价值作为发展的重要动力，在这一时期，企业在追求利益最大化的过程中，通常都会将破坏环境作为代价。从工业的出现，到发展的繁荣，再到最终工业文明的实现，对于环境的破坏也是无法计算的，从一定程度上可以说，在人类历史发展过程中，工业文明的发展对于生态环境的破坏是最为严重的。马克思曾提出，"人类转变的顶点就是生态危机"，这表明，生态文明将成为未来文明发展程度的重要标志。从人类文明发展的整体历程来看，生态文明是人类文明发展的必然趋势，在全世界文明发展的总体态势中，建设有中国特色社会主义生态文明的提出是符合历史发展潮流的。

(二) 是顺应文明发展潮流的必然要求

"生态文明"的概念在刚开始提出时，就已经引起了世界多个国家的关注，在未来的建设和发展中，更是成了世界发达国家关注的重点，并将其作为国家未来发展的重要目标。由此可见，生态文明的发展符合历史发展趋势，是实现人类和社会可持续发展的重要途径。

随着工业文明的发展并逐渐走向成熟，人类改造自然的能力也不断增强，与之相反的却是人类所面临的生态环境的不断恶化。在工业革命爆发之后，全世界范围内的人口实现了爆发式的增长，从 1750 年的 8 亿人口，迅速增加到了 2008 年的 68 亿。在这期间内，10 亿人口的增长时间从过去的 100 年，缩减到了仅 12 年。随着人口数量的快速增长，人类的需求也不断增加，从客观上就要求工业的生产规模需要不断扩大。在科技革命爆发之后，人们的科技水平不断提高，并将其运用到了工业发展之中，进一步推动了工业的发展。与传统工业相比，现代工业的生产效率大大提高，但是在基础能源上却没有大的改变，沿用的仍然是传统

的石油、煤炭、天然气等。随着现代工业的不断发展，社会城市化的进程也随之加快，整个社会的发展迈上了新台阶，但不可避免的是，社会的发展中隐藏的一系列隐性问题也随之浮出水面。在现代工业文明的发展中，对于工业能源的不断消耗，使得可再生资源的消耗速度远远超过了其再生的能力，而不可再生资源的储备数量不断减少，令人担忧的是，人类还没有研究出最佳的可以取代这些不可再生资源的替代品。

随着工业的不断发展，所带来的废物堆积也越来越严重，这就严重破坏了生态环境，很多伤害都是不可修复的。

20 世纪五六十年代之后，对于自然重要性的认识已经覆盖到了全世界，工业文明的快速发展所带来的弊端也更被越来越多的人所了解。因此很多的国家，开始尝试探索一条更为文明的发展道路。1992 年，召开了联合国环境与发展大会，通过了《里约环境与发展宣言》、《21 世纪议程》等文件，践行了可持续发展的理念，是世界环境治理史上的一次标志性事件。在可持续发展的理念中，要求在人口再生产、物质再生产和生态再生产，三个层面中，要实现协调统一，践行生态公平和正义的思想融入其中，指导人类社会发展的正确方向，引起了全世界人民的重视。在此之后，生态文明的思想被提出来，并在多个发达国家得到了实践，包括美国、德国、日本等。中国作为世界上最大的发展中国家，在践行生态文明方面也做出了重要努力，开始用生态文明的思想来引导社会和人类的发展，并在全球范围内的生态环境治理中做出了重要贡献。

（三）是推动现代化发展的必然要求

在全面推进建设有中国特色社会主义的过程中，中国共产党逐渐认识到，想要构建真正的社会主义，仅仅实现政治文明、精神文明和经济文明是远远不够的，真正的社会主义必须要是一个全面发展的社会。由此，未来我们在构建和完善社会主义的过程中，不仅要健全法制、繁荣文化艺术、稳定社会，同时还要维护环境的优美。在党的十七届四中全会上，生态文明被提升到一个很高的高度，在战略角度上来看，其地位与经济建设、政治建设、文化建设和社会建设，处于相同重要的位置。在此次会议中，中国共产党提出了建设有中国特色社会主义的"五位一体"格局，正式被确定下来是在党的十九大报告中。

从建设有中国特色社会主义事业的整体进程上来看，经济建设、政治建设、文化建设、社会建设和生态建设，这五个方面之间存在着极为密切的关系，并且这五者之间是一种相互影响，互为支撑的关系。对于一个国家来说，如果在发展过程中没有构建一个良好的生态环境，那么人类的发展将会始终被限制在较高的物质层面，无法实现精神上的满足和超越。在人们达到高水平的物质生活之后，即使是开车豪车，穿着高档服装，但是在灰蒙蒙的天空下，踩着黑色的河流，吃着被工业污染的食物，呼吸着重金属超标的空气，相信人们也不会有一个愉悦的心情。为了建设一个更高水平的小康社会，建设富强、民主、文明的社会主义现代化国家，实现中华民族的伟大复兴，让全国 13 亿人口都能享受到高水平的生活，就必须要重视建设生态文明。对于所有的人来说，生态文明的建设都不应当只是一个口号，必须要切身对自己的行为进行约束，在实际生活中始终贯彻生态文明的各项要求，在全社会范围内推行生态文明教育。建设生态文明，从娃娃抓起，从自身做起！

第二节　美丽中国的科学内涵

在对中国未来的发展中，中国共产党人为我们构建了一个美好的前景，即要"努力建设美丽中国，实现中华民族永续发展"。这是中国共产党人对公民美好生活追求的承诺，指引了社会主义生态文明建设的正确方向，对实现社会与民族的可持续发展是极为有利的。对于"建设美丽中国"来说，这是科学发展观的内在要求，同时也是对经济建设、政治建设、文化建设、社会建设以及生态文明建设五位一体新的诠释，对我国未来的发展方向具有重要的指导意义。

一、美丽中国的生态内涵

建设美丽中国，就必须要处理好人与自然之间的关系，这是核心问题。在推动社会发展的过程中，既要从大自然进行获取，同时又要注意一个适度的问题，在利用的同时也要做好相应的保护措施，实现经济、人口、资源、环境的平衡发展，实现人与自然之间的和谐相处，建造一个经济繁荣、环境优美的国家。美丽中国的最终呈现，在所有的人心中都有一个大概的标准，是人们对于天蓝、地绿、水净的美好期待。

（一）天蓝

所谓的天蓝，不仅仅指的是天空是蓝色的，而且也通常被当作评价空气质量的一项通俗说法。例如，1998 年北京实行了"蓝天计划"，在对空气的质量进行衡量的过程中，就会使用一年中"蓝天数"的多少来进行描述。我们都知道，头顶的上空实际上就是地球的大气层，其本身的颜色并不是蓝色的，在空气质量良好的情况下，天空呈现出蔚蓝的颜色，其主要原因是大气分子和悬浮在大气中的微小粒子对太阳光产生了散射的结果。每天在太阳光投向地球的过程中，波长较短的紫、蓝、青色的光最容易被散射，进而最终使得天空呈现出蔚蓝的颜色。但是在空气遭受污染，空气质量较差的情况下，天空就会呈现出一片灰蒙蒙的景象，北京这种天气情况就被称为"雾霾"。在一些情况下，尽管用人的肉眼所看到的天空是纯净和透明的，但在实际上，还有很多飘浮在空气之中的细颗粒物，直径小于或等于 2.5 微米，只有头发丝的 1/20，只通过人的肉眼是无法观察到的。人们对于天空期待的"天蓝"，是真正的蓝色，没有颗粒物质漂浮在空气中，人们所期盼的是空气质量优良的天气。

因此，在未来的经济发展中，我们不应只看到利益的增长，不能以牺牲环境和公众的健康作为经济增长的代价。在人们的生活中，如果失去了新鲜空气，那对于人们的身体健康是极为不利的，人们在生病时，所获得的利益都将成为无足轻重的东西。

（二）地绿

绿色是生命之源，是生命的本色，同时也象征着希望与活力。所谓的"地绿"

就是要让大地披上一层绿色，无论是在乡村还是在城市，都要增加绿地的面积。在切实保证绿色产业转变的过程中，青山绿地是其中的一项重要表现，同时也是生态文明结构转型的重要标志。当前，城市绿色已经成为城市的一个重要名片，能够体现出城市的特色，对城市能够实现长久的发展具有重要的影响作用。在对城市环境进行综合治理过程中，将青山绿地工程作为了其中的一项重要载体，无论是在草木的种植中，还是在对广场、公园的建设过程中，都要确保能够环绕到人们的生活当中，让人们享受到绿色的清新和美好。绿色能够愉悦身心，为人们带来幸福的感觉，通过"地绿"项目，要切实改变城乡公民的生态环境，全面提高人们的生活方式和精神意境。

（三）水净

水是生命之源，决定生命的开始和繁衍，是构成生物体的重要组成部分，同时在历史的生命演化中，同样起着决定性的作用。想要保持人体健康，确保水源的清洁和卫生是关键的一项。所谓的水净，不仅指从视觉上给人带来干净的感觉，并且各项水质标准都要达到合格，不能在水中含有不利于人体健康的物质，防止微生物通过水体进入人的身体，进而影响人的身体健康。"上善若水"和"智者乐水"，分别是老子和孔子的名言，其认为水就像是一面镜子，突出了大自然的平和与宁静。水净蕴含着多种内涵，寓意着人要和自然相结合，既要能满足人在物质方面的需求，同时还要满足人们对于精神方面的追求。对于水源来说，在谈论起来时必不可少的要与土地相联系起来，在解决了水净的问题之后，在一定程度上也表明吃的问题也可以得到解决，因为只有在水体干净了之后，土地才能变得干净。吃、喝是人类最基本的生理需求，对于一个国家来说，从其对这个问题的处理上，就可以反映出这个国家的发展情况和人民的生存状况，并对社会发展的进程也会产生重要影响。

想要全面实现天蓝、地绿、水净的生态目标，对于中国来说，就必须要转变传统中"人定胜天"的思想观念，将"尊重自然、顺应自然、保护自然的生态文明理念"作为未来发展的目标导向，确保美丽中国的顺利实现。

二、美丽中国的深层内涵

(一) 美丽中国是经济发展的中国

人们想要从事其他活动的前提和基础是，要依托一定的经济活动，其可以提供活动必需的物质条件，如果没有相应的物质基础作为支撑，那么其他的活动也将失去依托。因此，发展仍是当前我国面临的主要任务，从社会发展所处的阶段来看，我国的发展已经进入到了转变经济增长方式，进行环境保护的新阶段。建设美丽中国，必须要注意在经济发展中注重对环境的保护，在确保环境良好的前提下进一步提高经济发展的水平。从经济增长方式来看，要转变以往粗放型的经济增长方式，实现经济的可持续发展，构建起一种绿色的国民经济体系，实现低投入、高产出、低耗能、少排放的最佳经济发展方式。

(二) 美丽中国是生态文明的中国

建设美丽中国，就必须要走一条建设生态文明的发展道路。这是因为，美丽中国的建设和生态文明的建设，在内容上具有很大的共通性，美丽中国建设成功的一项重要标志就是，在生态文明的建设上取得一定的成效。生态文明建设是一项全民工程，要求所有的公民都必须要从思想上认识到建设生态文明的重要性，进而在实践中有所行动，政府要为生态文明的建设提供相应的制度保障。在生态文明建设中，其最为主要的一项目标是要提高生态环境的质量，制定相应的激励机制，鼓励人们践行生态文明公约，确保生态安全。

(三) 美丽中国是社会和谐的中国

社会主义和谐社会，指的是民主法治、公平正义、诚信友爱、充满活力、安定有序、人与自然和谐相处的社会。维护社会的公平正义，就必须要能够对社会各方面的利益关系进行妥善的处理，让人们遵守诚信友爱的原则，保持各群体之间相处的融洽，构造一个充满活力的现代社会。在社会发展中，要鼓励人们树立起创新的观念，支持各项创新活动的开展，对创新活动成果予以肯定，确保社会安定有序的运行。通过经济和社会的发展，实现人民的安居乐业，构建一个安定团结的社会氛围，促使社会的良好发展。所谓的实现人与自然的和谐相处，指的就是要推动人类社会和自然生态社会的共同发展、协调发展，实现二者的互惠互存，这样才能确保美丽中国的最终实现。

（四）美丽中国是可持续发展的中国

在美丽中国的建设过程中，必须要始终坚持可持续发展的理念，并将其作为社会发展的重要指导思想。对于可持续发展来说，其核心就是要确保发展可持续性的实现，既要保证现在的发展，同时还要考虑到未来的发展。"先污染，后治理，再转移"，这曾经是西方国家对于生态环境的治理主张，中国的可持续发展观念与之存在着很大的区别，这表明中国在未来的发展中不会只注重速度和成绩，同时还要注重质量。

从上述中我们可以得出，美丽中国是一个综合性的概念，其包含多种内涵，即时代之美、社会之美、生活之美、百姓之美、环境之美等。在推动我国经济又好又快发展的基础之上，要不断增强我国的文化软实力，扩大人民民主的范围，保护生态环境，为人类的生存创造一个良好的环境氛围，全面推动和谐社会的构建。从一定程度上可以说，上述的各个方面都是美丽中国的重要组成部分，缺少其中的任意一项，美丽中国都会失去其原有的魅力。在这一过程中，核心的一点是要保持优美的生态环境，这是其他几方面实现健康发展的前提条件。

第三节　生态文明是实现可持续发展的必然要求

一、可持续发展理念的提出及含义

（一）可持续发展理念的提出

可持续发展的思想，是 20 世纪 60 年代末提出的一种发展理念，70 年代初期可持续发展理念雏形已现，到 20 世纪 80 年代形成了相对完整的理论体系，20 世纪 90 年代可持续发展思想正式确立。

可持续发展思想产生的直接原因是人类对自然环境的影响越来越重，自然环境在承受超过自身承载力的人类活动。发展是人类最为根本的主题，从人类文明产生到如今，人类一直处于不断的发展之中。社会的发展、文明的发展、技术的发展都是在经济基础的推动下产生的，经济的发展离不开生产和劳动。就生产而言，人类在生产的不断发展的过程中与自然界的关系也发生了很大的变化，人类产生之初生产能力不足，人类艰难的在自然中生存，随着人类生产能力的提高，人类开始用自己的力量改变局部的自然环境，来为自己的生存提供便利，如今随着机械工业的不断发展，人类的生产能力达到了空前的高度，自然界已经不能承受人类因生产而对自然造成的各种破坏，自然系统的整体平衡开始受到影响，各种环境问题随之而来，人类也为此付出了惨痛的代价。在不断出现的环境问题面前，人类开始反思自己的行为，人们开始意识到人口不断增加，人类对自然的影响越来越大，超过自然界的恢复能力后最终会给人类的生存带来灾难，人类必须改变长期以来与自然对立的思想，追求人类与自然环境的协调发展，于是在 20世纪 60 年代末期，一些学者开始逐渐产生可持续发展的思想，在这一阶段对可持续发展思想的产生具有重要推动作用的作品有《寂静的春天》、《只有一个地球》、《增长的极限》，在这些作品的影响下人们对可持续发展思想的认识逐渐清晰。

《寂静的春天》的作者是美国著名的生物学家卡逊夫人，该书在 1962 年出版后引起了巨大反响，形成了影响广泛的社会讨论。这部作品是当时环保类作品中影响最为深远的一部著作。该书从环境角度出发，以专业的认识对环境污染与破坏带来的危害进行生动、直观的描述，尤其是滥用农药引起的一系列恶果，让人们认识环境问题的严峻性，这本书为当时环保意识淡薄的社会敲响了警钟。

《只有一个地球》的作者是英国人 B·沃德和美国微生物学家 R·杜博斯，这部书的创作初衷是为人类环境会议的召开提供可靠的背景材料而写的。在这部书的创作过程中，来自 58 个国家的 152 位环保负责人组成的顾问团队为此书的完稿提供了大量的材料，本书可以说是当时国际上权威的环境问题分析数据来源。

1972 年米多斯等人的《增长的极限》，对经济增长与环境资源之间的矛盾进行了阐述，该书指出："如果在世界人口、工业化、污染、粮食生产和资源消耗方面按现在的趋势继续下去，这个行星的增长的极限有朝一日将在今后 100 年中发生。最可能的结果将是人口和工业生产力双方有相当突然的和不可控制的衰退。"该书不仅对经济与环境之间的矛盾进行了分析，还尝试提出了解决思路,即均衡发展。该书中说道："改变这种增长趋势和建立稳定的生态和经济的条件，以支撑遥远未来是可能的。全球均衡状态可以这样来设计，使地球上每个人的基本物质需求得到满足，而且每个人有实现他个人潜力的平等机会"。

这三本书的完稿出版，标志着人类在环境科学认识上的进步，也标志着人类对环境科学的研究态度发生了根本性的改变，以往以征服自然为主要目的研究活动逐渐被保护性开发研究活动所取代，人类生态文明的发展得到一次本质上的升华。

在第二次世界大战后，生态环境问题成为各国普遍存在的问题，影响了经济和社会的发展，当时的环境问题在发达国家和发展中国家的表现并不相同，其产生的原因也有大的差异。发达国家的经济迅速发展，代价是对自然资源的大量消耗，并且工业化生产给发达国家带来了严重的环境污染，尤其是水污染和空气污染尤其严重。在发展中国家，由于经济基础差，生产力水平比较低，其环境问题最突出的特点是资源浪费严重，人与自然的关系持续恶化。在这样的历史情形下，人们逐渐开始关注环境保护这一话题，并成立了专门的组织，即罗马俱乐部。

在日益突出的环境问题面前，瑞典政府最先开始采取行动，1968 年瑞典政府提议召开的人类环境大会，经过四年的筹备与组织，1972 年联合国召开了人类环境大会，在斯德哥尔摩，110 多个国家领导共聚一堂，商议人类环境问题。这次会议是第一次汇聚全球范围内的国家对人类发展的环境问题进行探讨，尽管这次会议各个国家由于国情因素并没有就全球环境问题达成一致，但斯德哥尔摩会议仍然意义重大。在这次会议上，不同地域、不同文化、不同发展水平的国家就自己环境观点给出了态度。从根本上看，经济发展水平是决定各国环境方针的基本出发点，贫穷限制了人们对环境效益的追求，因此会议上有人提出"减轻贫困是迈出全球环境保护问题的第一步。"本次会议的成果我们总结为两个：第一生态环境是关系人类未来生存与发展的基础性问题，各国政府在发展经济的同时要将环境保护工作提上日程，并加大对环境保护政策的宣传，使人们认识到环境保护的重要性；第二，会议决议联合国成立专门性的环境保护部门，即联合国环境规划署，负责对大会的各项决议进行实施。

在斯德哥尔摩会议召开十年之后，环境保护问题逐渐为人们所认识，环境保护工作的紧迫性也得到了各国政府的认同，但从实际执行效果上来看，并没有达到预期的水平。由于经济和文化的差异，斯德哥尔摩会议并没有找到一条行之有效的方法在世界范围内推广落实环境保护工作。从效果上来看，采用决议式、强制式的方法并不能保证环境保护工作的顺利实施，因此我们要试图找到一条新的思路来解决经济发展与环境保护之间的矛盾。为了更好地推动世界环境保护工作的发展，联合国在 1983 年成立的环境与发展委员会开始尝试用新的思路与方法促进环境保护工作的推行，联合国环境与发展委会着手制定人类发展的长期规划，从发展入手协调发展经济与环境保护之间的矛盾，可以说联合国环境与发展委员会的工作为可持续发展战略的成熟做出了很大的贡献。1987 年挪威首相布伦特兰德夫人提交了《我们共同的未来》的研究报告，该报告用科学数据与先进的发展理念描绘了人类未来的发展蓝图，强调只有可持续发展、协调发展人类才有美好的明天。此外，该报告对发展中国家实施可持续发展战略的可行性进行了阐述与分析，得到了人们的认同。

在经济发展与环境保护这对矛盾的处理中容易进入两个极端：一种是"只发展不保护"，这里的"只发展"是指一切工作都要向经济发展看齐；另一种是"只保护不发展"，这里的"只保护"是指牺牲经济与社会的发展来保护环境。这两种观点都是处理二者关系的误区，只发展经济不保护环境会对人类的生存造成威胁，当环境濒临崩溃需要治理时，需要花费的代价远远超过经济发展创作的物质成果；只保护环境不发展经济，如果经济出现"零增长"、"负增长"会对人类社会的正常运转造成影响，对人类文明的进步造成阻碍。

综上所述，可持续发展思想的产生是源于人类对环境问题与经济发展问题的思考，在这一思想产生的过程中人们不可避免地会走入极端或误区，但最终在人类的智慧与思考中步入正轨。可持续发展思想是一种着眼未来的发展思路，在可持续发展思路的影响下，人类文明发展的稳定性与持续性得到了保证，对人类的发展具有重大的意义。

(二) 可持续发展的含义

在可持续发展思想形成的过程中，多种学科从不同的角度对可持续发展进行了定义，包括"生态发展"、"合乎环境要求的发展"、"在无破坏情况下的发展"、"连续的发展"、"持续的发展"、"环境合理的发展"等。1992年，联合国环境与发展大会在召开之后，"可持续发展"的概念才最终被确定下来。

1. 从生态、资源和环境保护角度的定义

1991年，国际生态学联合会(INTECOL)和国际生物科学联合会(IVBS)针对环境保护的可持续发展进行了联合讨论，在讨论中经过思考与筛选对可持续发展进行定义："保护和加强环境系统的生存与更新能力。"

美国生态学家 R.T.Forman 认为："可持续发展是寻找一种最佳的生态系统和土地利用的空间构形以支持生态的完整性和人类愿望的实现，使一个环境的持续性达到最大。"

无论是国际生态学联合会定义的可持续发展，还是生态学家定义的可持续发展都有一个显著的共同点，即注重生态环境的保护与生态系统功能的稳定性。

2. 从经济学角度定义的可持续发展

经济学家对可持续发展的理解更偏重于经济发展，他们认为可持续发展的核心是"发展"。美国经济学家巴比尔在撰写的《经济、自然资源、不足和发展》中对可持续发展的定义是："在保护自然资源的质量和其所提供服务的前提下，使经济发展的净利益增加到最大限度。"持同样观点的英国经济学者皮尔斯和沃福德在他们撰写的《世界无末日》中，从经济学的角度对可持续发展进行了定义："可持续发展是既能够保证当代人的福利增加，同时也减少后代人发展福利的一种经济模式。"

有一些经济学家认为可持续发展是一种能够无限循环发展、无限期发展的经济模式，可持续发展不会减少"资本存量的消费数"。他们对生态进行了这样的阐述："生态系统是比人类经济系统更加动态的系统，但是在正常条件下变动却比较

缓慢，可持续发展表明了这两种系统之间的关系。"以此为基础，世界银行发布了《世界发展报告》，并将可持续发展定义为："通过比较成本效益和审慎的经济分析，制定发展和环境强化自然环境保护力度，增加人类的福利，提高可持续发展的水平。"

3. 从技术角度定义的可持续发展

有些学者从技术角度对可持续发展进行分析，并利用其中的关联要素对其进行了定义："可持续发展是要创造或建立产生极少废料和污染物的工艺或技术系统的过程。"在技术观点下的可持续发展定义中，将污染视为技术条件落后的表现，并认为人类的生活与生产并不是对自然环境造成危害的直接原因。这些学者认为，在环境保护工作中应该充分发挥全球机制，发展中国家技术能力不成熟，发达国家要给予积极的援助与支持，这样才能推动世界环境保护工作的发展。

(三) 可持续发展的定义

当前，人们对于可持续发展的认识并没有形成统一的定义，人们通常会将1987 年《我们共同的未来》报告中，对于可持续发展的描述作为可持续发展的定义。《我们共同的未来》对可持续发展的定义为："既满足当代人的需要，又不对后代人满足其需要能力构成危害的发展。它包括两个重要的概念：'需要'的概念，尤其是世界上贫困人民的基本需要，应将此放在特别优先的地位来考虑；'限制'的概念，技术状况和社会组织对环境满足眼前和将来需要的能量施加的限制。"这一定义强调了当前与未来的发展，主张当前的发展节制、健康，未来的发展绿色、稳定。这一定义影响了我国相关文件对可持续发展的定义，1996 年国务院办公厅颁布的《关于进一步推动实施〈中国 21 世纪议程〉意见的通知》中，可持续发展被定义为："既要考虑当前发展的需要，又要考虑未来发展的需要，不要以牺牲后代人的利益为代价来满足当代人利益的发展；可持续发展就是人口、经济、社会、资源和环境的协调发展，既要达到经济发展的目的，又要保护人类赖以生存的自然资源和环境，使我们的子孙后代能够永续发展。"这一概念与《我们共同的未来》中的概念核心理念一致，但更加符合我国国情，更为全面和具体，这一概念也一直为我国学术界所认同。

可持续发展具有丰富的内涵，从时间上来看它包括现在与将来，这种时间的延续具有传承性，只有每代人都担负起自己的责任，可持续发展战略才能推行下去。从空间上来看，可持续发展包含的空间为全球，即整个人类社会，可持续发展的包容性很强。可持续发展不仅是经济与环境的协调发展，同时也是社会以及人与环境的和谐发展。

可持续发展作为一种人类新型的发展模式与生存模式，在执行与坚持的过程中要把握好其中的规范与原则。

1．公平性原则

可持续发展所说的公平性我们应该从三个方面来理解：第一个方面是当代发展公平性，这一公平性主要是指在当前的发展中全人类拥有平等享受发展成果，保护环境的责任，任何人不能损害其他人的发展权利；第二个方面是未来的公平性，这一公平性主要是指当代人与后代人发展的公平性，当代人要为后代人留好发展的空间，不能将资源消耗殆尽；第三个方面是资源利用的公平性，在经济发展的过程中要摒弃自私自利的心理，将人类的未来的发展和环境的可持续发展作为自己的责任，不能不顾后果的利用资源，对环境造成破坏。

2．持续性原则

持续性原则的核心内容是指人类的发展要与自然资源以及自然环境的承载能力相适应，否则会给环境造成很大的破坏。《我们共同的未来》报告中明确提出"可持续发展"包括"需要"和"限制"两个概念，在可持续发展理念的影响下，可持续发展要对地球的资源进行可持续开发，保持一定的限度，满足发展需求即可，不能无限制的开采资源，否则会对资源与环境造成非常严重的破坏。

3．共同性原则

发展是整个人类共同的使命，因此在可持续发展的过程中要充分认识到协同发展的重要性。环境系统是相互联系、相互作用的有机整体。很多环境问题的产生与影响是国际性的，一个国家单独治理环境并不能起到根本性的作用，需要区域联动共同对区域环境进行保护，才能起到一定的作用。因此，在可持续发展实施的过程中，各国要摒弃个人主义，充分融入国际环境保护的事业中来，才能推动全球环境保护事业的发展。

二、生态文明是实践可持续发展的基础

在建设生态文明的过程中，必须要改变以往以"人类中心主义"的文明形态，从内涵上看，其与可持续发展之间存在很大的共通性，并且在实现经济和社会可持续发展的过程中，将起到重要的指导作用。

（一）实践可持续发展需要以生态文明的哲学观和价值观为指导

生态文明所蕴含的哲学观和价值观，强调人与自然之间要构建一种协调的关系，人的主观能共性能否充分发挥，是这种关系能否最终实现的重要影响因素。需要注意的是，人与自然之间的和谐相处，不是一种被动的顺从式和谐，而是一种主动进取式的和谐。人在充分发挥主观能动性的过程中，实际上就是将人类社会发展与自然发展相统一的过程。

应当明确的是，自然的发展是人类社会发展的基础，二者之间是一种相辅相成的关系，自然的发展也离不开人类社会发展的支持。人具有主观能动性，在对社会生产力发展的过程中，要以自然生态系统作为基础，以此来推动整个人类社会的发展。此外，通过社会的发展，又可以实现对自然生态系统的保护。由此可见，这二者之间是一种相互包容、相互促进的关系，只有这二者实现了和谐的共同发展，才能使可持续发展观完整实现。

由此我们可以对生态文明下定义：生态文明是人类在物质生产和精神生产中充分发挥主观能动性，使人与自然、人与人、人与社会和谐发展的产物，是物质、精神、制度的成果的总和。

因此，在实现可持续发展的过程中，始终将生态文明作为指导思想，对于社会的发展来说，就不仅仅是经济的发展，而是包含政治、经济、文化、城市、农村、社会文明、精神文明等多个方面，共同发展的社会。对于自然来说，可持续发展就不仅指的是自然资源的增加，同时还包括整个自然生态系统也处于一种良性循环的状态。这是因为，自然资源的增加，并不意味着自然生态系统状况得到了改善。例如，对于天然林与人工林来说，在蓄积量相同的情况下，所具有的森林资源基本是相同的，但是在森林结构上却有很大的区别，因此其所具备的功能也有所区别，从生态系统的总体状况上来看，所凸显出来的差异也很大。从总体上来看，天然林所具有的功能要大于人工林，并且其所具有的生态系统状况也要优于人工林。

(二) 实践可持续发展需要以生态文明的整体性和长远性思想为指导

在践行可持续发展中，必须要体现出两方面的发展取向：

一方面是，要以代际平等为主要内容，指的是现代人在发展的过程中，要考虑到后代人的发展，要为其发展负责，不能对后代人发展所需的自然资源提前透支。这是因为，现代人所指定的各项发展政策，后代人不可能参与进来，或是提出相关的意见，因此当代人在发展的过程中，要有严格的自律精神，要为后代人的发展负责，为后代人的发展着想，为其留下充足的自然资源。此外，为了实现后代人更进一步的发展，还要为后代人提供一个良好的生态环境，不能在制造垃圾后不进行处理，反而留给后代人处理，这是极为不负责任的表现。因此，在现代人的发展中，要努力构建一个美丽的家园，为后代人的发展提供一个良好的自然环境，实现民族的伟大富强。

第二，要以代内平等为主要内容。从一定程度上可以认为，代际平等是一种纵向负责的关系，因此带内平等就可以被看作是一种横向负责的关系，其不仅包括国际的负责，同时还包括一种区域间的负责。具体指的是，对于一个国家的总体发展来说，其不仅要对邻国的生态环境负责，甚至还要对全世界的生态环境负责。例如：对于二氧化碳污染来说，其不仅会造成本国空气的污染，并且还会影响到邻国的生态环境，当前全球温室效应的出现，就是世界上多个国家共同排放二氧化碳所造成的严重生态后果。相应的，对于一个地区的发展来说，也要对相邻地区，甚至是全国的生态环境负责。例如，如果想要在一个流域的上游开展某项功能，其必须要考虑到是否会对下游的水域产生污染，如果在水域上游所开展的项目会污染到整个水体，那么下游人民在没有采取有效清洁技术手段对水源进行处理的情况下，在饮用该水源之后，必定会影响到下游居民的身体健康。在这种情况下，上游想要建设的项目就必须要停止，这就是所谓的整体取向。

（三）实践可持续发展需要以生态文明的伦理精神为指导

在很多人的观念中，认为科技是推动社会发展的关键，认为科学至上，这是一种极为狭隘的观点。应当明确的是，随着工业文明的到来，为人类提供了充足的物质基础，拉动了社会的进步，但是随之而来的就是自然生态环境遭受了严重的破坏。在科技革命之后，科学技术发展获得了巨大的进步，但是其并没有改变工业对自然生态系统所造成的破坏，反而还有愈演愈烈的趋势。在这种情况下，科学技术的进步对于生态环境来说就是一场灾难，其不仅不能保护生物的多样性，相反还会对地球上的生物造成严重的破坏，严重的还会影响到人类文明的发展进程。从一定程度上可以说，科学技术的出现是人类为了认识和改造自然而不断发明和创造的，人类在利用这些先进的科学技术对物质和生态环境进行建设的过程中，就需要一种新的思想观念来对人们的行为进行指导，以此来保护自然生态系统。为了实现这一目标，必须要在全社会范围内树立起生态意识和生态道德观念，并在此基础上建立起生态文明的伦理精神，改变以往的生活方式，建立绿色消费新模式。应当明确的是，所谓生态危机的出现，实际上就是工业文明和生态系统之间产生了的巨大冲突，这表明人类在道德观念上已经产生了重大的危机。

我们都知道，人类是自然界发展到一定阶段的产物，与人相关的所有活动都不能离开自然而单独实现。可持续发展观念的提出，是要将自然资本、物质资本、人力资本等多项因素统一起来。在这三项要素之中，最为基础的就是自然资本，它是物质资本、人力资本发展的物质基础和前提条件，如果缺少了自然资本的参与，那么另外两项要素的发展也将不复存在。

第四节　生态文明是实现美丽中国梦的现实抉择

中国梦的提出，是对中华民族发展历程的深刻总结，其不仅记载着中华民族饱受屈辱的历史，同时也蕴含着中国获得独立解放的历史。此外，中国梦的提出，还同时承载着中国生态文明的断裂所造成的历史伤痛和时代阵痛。在建立新中国之后，针对我国生态文明的未来发展，中国共产党提出了多个有建设性的意见，并进行了一系列的政策实践。在当时的情况下，由于经济的发展处于较低的水平，因此生态建设的思想还不够先进，随之产生的资源环境问题对中国梦的实现造成了严重的阻碍。面对这种情况，中国共产党认识到了建设生态文明的重要性，制定了一系列的措施来保障经济和自然的和谐发展，这也成为复兴伟大中国梦的重要历史使命。

一、中国梦的思想内涵

中国梦是一个综合性的概念，其蕴含着多个领域的内涵。具体来说，其内涵主要有以下几方面：

第一，实现中华民族的伟大复兴，是中国梦的主旨。从内涵方面来看，实现中华民族的伟大复兴，并不是要恢复中国在古代最为强盛时期的领土范围，而是要在世界民族之林中，让中华民族占领一席之地，并在所有为整个人类的发展所做出的贡献中，中华民族要在其中占据较大的份额。实现中华民族的伟大复兴，是近代以来全体中国人民的伟大理想，可以全面反映出中国的发展追求和历史发展走向，能够将历史、现在和未来全面统一并连接起来的伟大民族复兴之梦。应当明确的是，想要实现中华民族的伟大复兴这一中国梦，就必须要实现"两个一百年"的奋斗目标：到建党 100 周年时，要全面建成小康社会，在全国范围内基本实现工业化；到建国 100 周年时，要将中国建成富强、民主、文明、和谐的社会主义现代化国家，基本实现现代化，进而实现整个中华民族的伟大复兴。

第二，中国梦的本质是国家富强、民族振兴、人民幸福。国家富强指的是，继续提升我国的综合国力，始终在国际市场中占据较高的地位，进一步推动我国特色社会主义事业的稳步前进。民族振兴就是不断增强国家各方面的实力，继承优秀传统文化，在全世界范围内进行广泛的传播，让全世界了解中国，能够对世界的发展做出积极的影响，能够在世界领域内始终保持领先的地位。人民幸福指的是，社会主义发展所收获的伟大成果，可以被全社会的公民所共同分享，人们拥有的权利能得到全面的保障，进而提高全社会的幸福感，获得美好的生活。由此可见，中国梦不仅是国家的梦、民族的梦，更是每一个中国人的梦。

从国家富强、民族振兴、人民幸福之间的关系来看，这三者之间是一种相互联系、相互制约的关系。

其中，实现中国梦的前提，必须是要实现国家的富强，这是实现民族振兴和人民幸福的强大保证。所谓的国家富强，不仅指的是一个国家要有强大的物质财富基础，拥有完善的制度和法律建设，还指的是该国家无论是在文化软实力还是在文化竞争力方面，都拥有很强的实力，可以支撑这个国家始终屹立于世界民族之林。

实现中国梦的核心，是要实现整个中华民族的振兴，想要实现这一目标，首先要做的是要实现民族精神的振兴。中华民族的发展经历的漫长的历史，并最终实现了伟大的民族精神，即以爱国主义为核心的团结统一、爱好和平、勤劳勇敢、自强不息的民族精神，这是中华民族在参与世界舞台的强大力量来源，是中国发展的精神支柱。民族振兴体现在国家发展的方方面面，不仅涉及政治、经济、文化、社会等方面，同时还涉及我国的军事和外交等其他多个方面。应当明确的是，中国梦的实现是所有中华儿女的共同心愿，无论他们处在世界的哪一个地方。

中国梦最根本的出发点和归宿是，实现人民的幸福。从本质上来说，国家富强、民族振兴最终的目标都是要确保人们能过上幸福的生活。因此，人民幸福是中国梦终极的目标。

第三，充分进行实干，这是中国梦的基本要求。想要实现中国梦，需要经历一个较为漫长的时间，需要全部的社会成员在共同努力下才能实现。实干是实现所有计划目标最为基本的要求，无论是对于社会主义现代化的实现，还是全面建成小康社会的实现，以及中华民族伟大复兴的实现，都需要在实干的基础上才能实现，光说不做，目标始终都只会是目标，不会变成现实。中华民族在经历长期的战乱和纷争后，能够走到今天，依靠的就是中华民族的顽强拼搏，是在全国人民的始终坚持自强不息的奋斗精神下，才能获得今天的繁荣。在未来，中国想要实现更为远大的目标，实现伟大的中国梦，所依靠的必然还是中华儿女的辛勤劳动和付出，来解决我国在社会主义初级阶段发展中所遇到的多种难题，为祖国的发展创造更为美好的明天。

二、建设生态文明是实现美丽中国梦的时代要求

中国梦的实现是一个伟大的梦想，涉及祖国发展的方方面面，生态文明的建设也被包含其中。建立社会主义生活方式，其重要的一点是要在人与自然之间建立一种和谐的关系，也就是要确保生态文明的实现。

（一）生态文明是民族复兴的重要前提

实现民族的复兴，这不仅关系到中华民族的命运发展问题，更是整个中华民族发展的理想与目标。中华民族伟大复兴的实现，要在国家的各项领域中都拥有强大的实力，包括政治、经济、社会、文化、生态等多个方面，只有在实现社会政治环境的稳定，经济实力的增强、民生问题得到改善、文化实现繁荣的发展、生态环境优良之后，才能被称为是中华民族伟大复兴的真正实现。在这一过程中，必须要始终重视对生态环境的保护和改善，提高对自然资源的利用效率，实现经济的可持续发展，并最终在人与自然之间建立一种和谐的关系。

中华民族可持续发展的实现，就必须要注重对生态文明的建设，这关系到整个民族发展的未来，甚至还关系到整个社会的长治久安。当前，中国社会正处于工业文明向生态文明的转型时期，要集中全国各界人士的力量，共同为实现生态文明建设而努力，这样才能确保中华民族实现永续的发展，中华民族也才能拥有更为美好的未来。

(二) 生态文明是国家富强的重要基础

中国梦的首要目标是要实现富强，同时也是国家和人民的共同理想。"落后就要挨打"，一个国家经济实力较差，必然会丧失国家在外交上的话语权，国家的前图和命运都会处于一个灰暗的未来。因此，在社会主义建设新时期，我们要始终坚持以经济建设为中心，大力发展社会生产力，始终将发展作为党执政兴国的第一要务，大力提升物质文明，为社会的进一步发展奠定坚实的物质基础，将中国首先变成一个经济大国，拥有国际话语权。在党和国家领导人的带领下，经过一段时间的奋斗，我国的经济实力和综合国力都有了很大提升，但是由于当时人们观念的落后，以及对于经济增长的盲目追求，因此对于资源和环境造成了严重的破坏。我国本来拥有的资源人均占有量就很小，再加上过度开采，利用率不高等问题的存在，使得我国的资源始终处于短缺的状态。当前，国家富强整体目标的实现，已经受到了环境问题和生态问题的严重制约。

实践证明，国外"先污染，后治理"的发展进程，在我国是行不通的。我国未来在实现经济富强的过程中，必须要建立在生态富强的基础之上，始终坚持走一条生态经济的发展道路，实现人与自然间的和谐发展，走一条可持续发展的道路，这样才能确保中国梦的最终顺利实现。

(三) 生态文明是人民幸福的重要条件

中国梦不仅是国家的梦，更是民族的梦，是每个中国人的梦，实现人们的幸福，是中国梦的最终目标。在以往，我国的经济发展水平较低，人民以为的幸福就是获得物质上的满足，能够过上衣食无忧的生活。但是我国建立起市场经济之后，经济得到的飞速的发展，人民的物质生活得到了极大的丰富和改善，物质上的满足已经不能再满足人们的需求，人们更想要追求的是一种精神上的满足和幸福。随着我国生态环境的日益恶化，人们对蓝天白云、青山绿水的生活环境，产生了极大的渴望。人民群众对于梦想的追求，变为了干净的水源、新鲜的空气和放心的食品。这是人民的追求，同时也是整个民族和国家的共同向往。

第二章　生态文明是中国梦实现的思想基础

生态文明思想的产生及不断发展有着完整的历史过程，在漫长的历史进程中生态文明思想以不同的形态呈现在我们面前。社会主义生态文明观是在继承我国优秀传统生态思想的基础上，吸收西方现代生态文明思想，形成的以我国国情为基本出发点的生态文明观念。社会主义生态文明观，立足我国的可持续发展，立足于人类社会的发展与延续，是社会主义科学发展观的重要构成部分，也是新时期我国建设社会主义生态文明的重要与依据。

第一节　中国传统文化中的生态思想

中国传统文化源远流长，在世界文化发展历史上是一颗璀璨的明珠，博大的中国文化设计领域众多，就生态保护思想而言，在儒道释三种思想的影响下，中国古代形成了独特的生态文明思想。我国当前的生态文明价值观，与传统的生态文明思想有着紧密的逻辑关系。

一、我国主要传统生态思想

(一) 道家——自然无为、天地父母

"自然无为"是老庄哲学的要义，是人类"复归其根"自然属性的反映。它要求人们以"自然无为"的方式与自然界进行交流，以实现顺应天地的自然而然的状态。"人法地，地法天，天法道，道法自然。""道恒无为而无不为"。"道"把"自然"和"无为"作为它的本性，既有本体论特征，也有方法论意义。这里的"自然"既是"人"之外的自然界，也是"人"生命意义的价值所在。而"道"

27

是人性的根本和依据，决定了人性本善的归宿，是人自然而然的存在，体现出老庄哲学中深刻的人文价值关怀。这里的"无为"，既是对根源于"道"的自然本体属性的认识，也是对人的内在的自然本体属性的认识。"无为"思想体现出了老庄思想的矛盾性，矛盾的统一性表现在个体的自然本性与"道"的本质属性的同一性，矛盾的对立性表现在个体的社会属性与"道"的对立性，即人的"有为"与"道"的"无为"的对立。既然"无为"是"道"的本质属性和存在方式，那么，"无为"也是自然界的本质属性和存在方式，这里的自然界包括了人类在内。人类要想"复归其根"，与"道"合而为一，"自然无为"是根本的途径。[①]"道"对于天地万物是无所谓爱恨情仇的，植物的春生夏长，动物的弱肉强食，气候的冷暖交替等都是自然现象。道家的"无为"并不是什么都不干，躺在床上等死的颓废，而是一种"无为即大为"的境界，是一种更高层次的"为"。道家的"有为"则是指无视自然本性的"妄为"。"妄为"远离了人的自然本性，靠近了人的功利和狭隘，不可避免地导致人本性的异化，诞生大量的虚伪与丑恶。单纯地从保护生态环境的角度来论证"道法自然"的思想是朴素的、有限的，但它所蕴含的人与自然和谐共生的积极理念，则为我们解决生态危机提供了新的哲学基础，而现代工业文明所缺乏的恰恰是这种思想。

　　道家把天与地比作父与母，于是就有了"天父地母"的说法，"一生天地，然后天下有始，故以为天下母。既得天地为天下母，乃知万物皆为子也。既知其子，而复守其母，则子全矣。"[②]并且"地者，乃大道之子孙也。人物者，大道之苗裔也。"道家借用父母与子女的关系来比喻道与天地、万物的关系。道家把天地这个大自然系统看成是有生命活力的有机整体，并且表现出人格意志的思想特征，其中包含着明显的生态伦理意蕴。天地万物和人之间的关系如同家长和子女的关系，人作为子女理应承担起照顾好作为父母的天地自然，承担起作为家庭成员应有的伦理责任。天地生养万物，是人类衣食之源，生存之本，按照此理推论，人类对

[①] 唐凯麟. 重释传统——儒家思想的现代价值评估[M]. 上海：华东师范大学出版社，2000，第 79 页

[②] 道德真经解·下卷

天地应该始终抱有感恩之心。但是,残酷的社会现实告诉我们,有些人正反其道而行,他们深穿凿地,大兴土木,破坏天地的自然面貌,深挖黄泉之水。"凡人为地无知,独不疾痛而上感天,而人不得知之,故父灾变复起,母复怒,不养万物。父母俱怒,其子安得无灾乎?"①利奥波德在《沙乡年鉴》中对大地的看法:"至少把土壤、高山、河流、大气圈等地球的各个组成部分,看成地球的各个器官,器官的零部件或动作协调的器官调整,其中的每一部分都具有确定的功能。"②生态女权主义者卡洛琳·麦茜特:"地球作为一个活的有机体,作为养育者母亲的形象,对人类行为具有一种文化强制作用。即使由于商业开采活动的需要,一个人也不愿意戕害自己的母亲,侵入她的体内挖掘黄金,将她的身体肢解的残缺不全。只需将地球看成是有生命的、有感觉的,对她进行毁灭性的破坏行动就应该视为对人类道德行为规范的一种违反。"③道家对人们不加节制地开采地下水,破坏自然的现象表示了担忧,"天下有几何哉?或一家有数井也。今但以小井计之,十井长三丈,千井三百丈,万井三千丈,十万井三万丈。……穿地皆下得水,水乃地之血脉也。今穿子身,得其血脉,宁疾不邪?今是一亿井者,广从凡几何里?"④在传统的农耕社会里,上述行为产生的危害是区域性的,不具有整体性,但在现代社会中,为了开采矿山而穿凿土地以及污染地下水的行为,却对整个水生态循环系统产生了破坏性影响。

(二) 儒家——天人合一、仁民爱物

"天人合一"是"天人合德"、"天人相交"、"天人感应"等众多表现形式的统称,是人与自然之间和生和处的终极价值目标。孔子"天人合一"思想的实现,依靠的是"中"之法则的指导,自然与人在"中"之法则的指导下发生联系,趋向统一。孟子的"天人合一"是"尽心、知性、知天"和"存心、养性、事天"的"天人合一"。"尽其心者,知其性也。知其性,则知天矣。存其心,养其性,

---

① 王明. 太平经合校[M]. 北京:中华书局,1979,第 115 页
② 雷毅. 生态伦理学[M]. 西安:陕西人民教育出版社,2000,第 128 页
③ (美)卡洛琳·麦茜特著;吴国盛等译. 自然之死——妇女、生态和科学革命[M]. 长春:吉林人民出版,1999,第 3 页
④ 王明. 太平经合校[M]. 上海:中华书局,1979,第 119 页

所以事天也。"①董仲舒的"天人合一"思想则明显的带有政治需要的痕迹，是"人格之天"或"意志之天"、"人副天数"、"天亦有喜怒之气，哀乐之心，与人相副。此类合之，天人一也。"②宋明时期程明道："天人本不二，不必言合"；朱熹："天道无外，此心之理亦无外"；陆象山："宇宙即吾心，吾心即宇宙"。在这里，人就是天、天就是人，人与天达到了同心同理的"天人合一"的境界。"天人合一"的"天"可以分为"主宰之天"、"自然之天"和"义理之天"。"主宰之天"与人们观念中的"神"、"上帝"相一致。董仲舒"天人感应"之"天"含有"主宰之天"之意。"自然之天"是"油然作云，沛然作雨"的天，是"四时行焉，万物生焉"的天。"义理之天"是具有普遍性道德法则的天。"睢王其疾敬德，王其德之用，祈天永命。"③君主应该崇尚德政，以道德标准来判断是非，才是顺天应命，才能够得到"天"的护佑。宋明时期的"理学之天"实际上是对孔孟"义理之天"的进一步发挥，所以，"理学之天"基本上就是"义理之天"。在上述关于"天"的三种解释中，"义理之天"占据了主要位置，它为人们的生产生活提供各种伦理道德规范，是文化世界的一部分。"主宰之天"和"自然之天"也为人们提供适应社会生活的各种伦理价值，即人的社会政治活动受制于自然法则，自然法则含有社会伦理学的因子。④天人合德是儒家天人合一思想的一种重要形式。儒家认为动植物是人类的生存之本，而这些动植物资源又是有限的。荀子肯定了自然资源是人类赖以生存和发展的物质基础："夫天地之生万物也，固有余足以食人矣；麻葛茧丝鸟兽之羽毛齿革也，固有余足以衣人矣。"⑤"故天之所覆，地之所载，莫不尽其美，致其用，上以饰贤良，下以养百姓而安乐之。"⑥对大自然不能够采取杀鸡取卵、涸泽而渔的态度，一旦这些资源枯竭，人类也会自取灭亡。自然资源的有限性和人类需求的无限性构成了矛盾统一体，二者既相互对立，也相互统一，限制其矛盾性的方面，发展其统一的方面，只能在相互影响与促进的过程中共

① 孟子·尽心
② 春秋繁露·阴阳义
③ 尚书·召诰
④ 陆自荣. 儒学和谐合理性[M]. 北京：中国社会科学出版社，2007，第40页
⑤ 荀子·富国
⑥ 荀子·王制

同发展。

从持续发展和永续利用的基点出发，儒家萌生了"爱物"的生态理念，主张爱护自然界中的动植物，有限度地开发利用资源，反对涸泽而渔式的破坏性使用。孟子进一步阐发了孔子的"仁爱"思想，提出了"君子之于物也，爱之而弗仁；于民也，仁之而弗亲。亲亲而仁民，仁民而爱物"①。孟子认为，道德系统是由生态道德和人际道德组成的。即爱物与仁民，是一个依序而上升的道德等级关系。②何谓"义"(道德)？"夫义者，内节于人而外节于万物也。"③把外节于万物的生态道德和内节于人的人际道德看成是一个统一体的两个不同方面，并且把它们的关系定位于道德的外与内的关系，说明儒家不仅重视人际道德，而且提出德与物之间不可分割的联系。因而，将"义"运用到人际关系上表明的是对人与人之间产生的行为关系的规范和评价，这是人际道德固属于内；而将"义"运用到人与自然的关系上表明的是对人与自然之间产生的行为关系的规范和评价，这是生态道德固属于外。《易传》中"君子以厚德载物"的思想启发人们应该效法大地，把仁爱精神推广到大自然中，以宽厚仁慈之德包容、爱护宇宙万物，践行"与天地合其德"与"四时合其序"的价值观。孔子主张"钓而不纲，弋不射宿"，反对使用灭绝动物的工具，提倡动物的永续利用，含有"取物不尽物"的生态道德思想。

荀子明确提出了以"时"来休养生息，保护自然资源的思想："春耕夏耘秋收冬藏，四者不失时，故五谷不绝，而百姓有余食也……斩伐养长不失其时，故山林不童，而百姓有余材也。"④同时提出了关于环境管理的"王者之法"、"山林泽梁以时禁发而不税"⑤的思想。所谓的"以时禁发"，就是根据季节的演替来管理资源的开发和利用。曾子曰："树木以时伐焉，禽兽以时杀焉。夫子曰：断一树，杀一兽，不以其时，非孝也。"⑥就是按照季节变化和动植物的生长规律有节制地

---

① 孟子·尽心
② 萤张云飞. 试析孟子思想的生态伦理学价值[J]. 中华文化论坛，1994(3)
③ 荀子·强国
④ 荀子·王制
⑤ 荀子·王制
⑥ 礼记·祭义

砍伐和畋猎。①荀子注重从政治制度上管理自然资源，要有专门的环境保护机构和官吏，王者之治和王者之法才能够有可靠的保证。只有环保机构和主管人员认真贯彻执行自然保护条例，才能够达到"万物皆得其宜，六畜皆得其长，群生皆得其命"②的天人和谐的理想境界。

（三）佛教——无情有性、珍爱生命

就其本质而言，佛教不是生态学，但它所阐发的佛教生命观，却蕴含着丰富的生态思想，包含着丰富和深刻的生命伦理，有着独特的生态观。

"无情有性"是佛教教义的重要方面，也是佛教自然观的基本体现。"无情有性"是指山川草木、石块瓦砾、亭台楼阁等无情物也有佛性，即所谓的"草木成佛"论。大乘佛教认为一切法都是佛性的体现，万事万物都有佛性，既包括有"情"的飞禽走兽，也包括无"情"的花草树木、砖头瓦块等。天台宗的湛然(711—782)提出了"无情有性"说："众生佛性犹如虚空，非内非外。若内外者，云何得名一切处有？"也就是说，就算没有情感的物品也具足了佛性。禅宗认为"郁郁黄花，无非般若，清清翠竹，皆是法身。一花一世界，一叶一菩提。"自然界的万事万物都是佛性的体现，有其之所以为此物的独特价值。因此，爱护自然界的万事万物成为佛教徒们必须要遵守的清规戒律。

禅宗认为，郁郁黄花无非般若，清清翠竹皆是法身，自然界中花草树木都是有生命的，他们都蕴藏着佛性和禅机；人是自然的一部分，人与自然是一个有机的整体，二者之间不存在界限与隔阂。大自然的一草一木都是佛性的体现，都蕴含着无穷禅机；人与自然之间没有明显的界线，生命主体与自然环境是不可分割的一个有机整体。禅宗不仅主张一切众生皆有佛性，而且强调诸佛性都是平等的。"譬如雨水，不从无有，原是龙能兴致，令一切众生，一切草木，一切有情，悉皆蒙润，百川众流，却人大海，合为一体，众生般若之智，亦复如是。"③这种价值观的本质是平等，它从生命的范畴内将这种平等关系确立起来，将所有的生命

---

① 乐爱国. 道德生态学[M]. 北京：社会科学文献出版社，2005，第41页
② 荀子·王制
③ 陈秋平. 金刚经·心经·坛经[J]. 上海：中华书局，2007，第240页

看作平等的个体，对自然的价值给予了充分的尊重和认同。这种价值思想能够帮助人们加强对自然界万物的尊重，加强人们对生命的尊重，强化人们与自然平等相处的理念，这对减少人们破坏自然的行为具有重要的作用和意义。"西方著名的环境伦理学家罗尔斯顿在构建环境伦理学时，他将确立以生命为中心的价值观的'······希望转向东方，通过吸取禅宗尊重生命价值的思想来帮助人们建立一门环境伦理学。'"①

根据佛教的"缘起说"，现象界的一切事物都不是孤立存在的，而是由种种条件和合而成的。一切事物之间都是互为条件、互相依存。整个世界就处于事物之间的重重关系网络当中，作为一个不可分割的整体而存在。其中，人与自然，如同一束芦苇，相互依持，方可耸立。因而人在与自然相处时，应放弃自己盲目的优越感，给予自然应有的尊重。佛教关于人与自然关系的思想，对我们当今所进行的生态文明建设的意义主要在于：它"······可以提供一个精神基础，在此基础上，当今人们所面临的紧迫问题之一——环境的毁坏，可以有一个解决方法，······不仅让人克服与自然的疏离，而且让人与自然和谐相处又不失却其个性。"②可以看出，佛教关于人和自然界万物之间的关系的理解和诠释主要体现在两个方面：第一，万物都有佛性，都有其存在的作用和意义，自然界的客观存在的事物都是世界不可缺少的一个组成部分；第二，尊重生命，强调万物平等，人类作为万物之长应该尊重其他生命，不能随意伤害其他具有生命的客观存在，认为"诸罪之中，杀罪最重，诸功德中，不杀尤要。"③佛教作为人类古代智慧的重要体现，它在某种程度上扮演着哲学科学的角色，代表了普世的价值观和生存观念，其内含的精华，体现出极其重要的生态价值，对生态思想的确立具有重要的参考意义。

从佛教思想来看，虽然佛教所倡导的万物平等的信仰不能阻止人类的对自然的破坏，但我们不能否认其所倡导的平等的道德观念和思想价值对生态文明建设的意义。

---

① 余正荣. 中国生态伦理传统的诠释与重建[M]. 北京：人民出版社，2002，第139页
② (日)阿部正雄著；王首泉等译. 禅与西方思想[M]. 上海：上海译文出版社，1989年，第247页
③ 李培超. 自然的伦理尊严[M]. 南昌：江西人民出版社，2001，第234页

二、传统生态思想对我国生态文明建设的启示

在工业文明快速发展的时代，人类对自然环境施加的影响越来越大，如果人类对自己行为不及时的进行控制，工业化为人类带来的除了财富之外，还有无尽的自然灾难，人类的生存与发展将会受到严重的威胁。

（一）正确处理人与自然的关系

人类在自然环境中稳定的获取各种生存与生活物资，是人类能够继续存在的基本条件，如果人类向自然界的资源索取超过自然环境的承受能力，人类与自然之间的生存平衡被打破，就会带来各种预想不到的后果。人类从进化之初，一直就在自然界中生存，二者在长达几十万年的时间中保持着和谐的关系。自从人类进入工业文明时代，由于生产力的发展，人类对自然环境的影响逐渐增大，由人类活动造成的各种自然环境问题越来越多，这些问题的出现对人类的生命与健康造成了影响，此时人们开始逐渐意识到保护自然环境的重要意义。关于自然环境与人类的关系，我们应当尊重原始状态下人类与环境的交流，减少工业要素对环境的影响，只有这样才能减小人类活动对自然环境的影响，更好的保护自然环境。

（二）正确处理相互影响的要素之间的关系

生产关系是人类社会文明的重要内容，生产关系的决定性要素是生产力的发展水平，但从其形成上来看，人们的科学知识以及思想观念在生产关系的形成中也占有重要的地位。从社会发展的角度来说，不合理的生产关系对于社会的发展与进步具有阻碍作用，这种阻碍体现在社会发展以及人类自身发展的各个方面。人类与自然界的关系也是生产关系的一部分，它是基于人类对自然的认识而形成的一种生产关系，如果处理不得当会对人类的生存与发展造成非常不利的影响。人们对自然的改造自从人类出现就已经开始，在漫长的历史中人类不断对自然界施加影响，从自然界获取自己生存所需要的资源，二者之间保持了很长时间的平衡。但是随着生产力的发展，人类对自然界的影响能力逐渐提升，如果人类不对自身与自然的关系进行重新考量，会对自然界造成不可逆转的影响，并最终威胁

人类自身的生存与发展。

（三）正确处理自然界生物之间的关系

自然界是由各种生物组成的一个有机整体，植物、动物、微生物之间相互联系，相互作用形成了人类赖以生存的环境。人类在自然界扮演着特殊的角色，人类高超的智慧使得人类对自然的改造能力很强，人类拥有的力量足以改变自然界的整体环境。自然界在长期的发展过程当中，各种生物之间相互依存的关系已经比较固定，并且这些物种在整体上处于微妙的平衡当中，人类参与到自然界的活动当中，如果不对自己的行为进行控制，很容易破坏不同物种之间的平衡，造成灾难性的后果。

（四）正确处理人与人工自然物之间的关系

人工自然物是指人类利用当前的技术与设备，利用自然资源制造的物品。人工自然物并不是自然界天然存在的物品，但它来源于自然界并且会对自然界造成一定的影响。工业文明的快速发展使得人类的知识水平和科技水平飞速提升，人类文明的发展也因此而步入了新的阶段，技术的应用应该为人类的美好明天服务，在利用技术创造新的物品时，我们要充分考虑自然界的承受能力，务必要保证自然界物质平衡，否则将会产生严重的后果。

第二节　马克思主义的生态文明思想

马克思主义生态文明思想是在认识到工业文明对环境的影响后提出的，为人类的可持续发展提供指导的生态思想。马克思在提出自己生态文明观点之前，曾经对工业时代自然环境的变化，以及人类与自然界之间的平衡关系进行过考察与研究，并提出了以制度的变革来保证人与自然和谐发展的观点。马克思这里所说的制度并不是社会制度，而是生态制度，是人类的科学知识积累到一定程度之后，对人类发展所做的理性考量。我国是社会主义国家，马克思主义在我国的发展过程中占有重要的地位，从这一点来说我们必须坚定的坚持生态文明观，扎实推进有中国特色的社会主义建设。

一、马克思主义生态思想的基本内涵

（一）马克思、恩格斯对自然神秘化的批判

唯物主义是马克思主义思想体系的立足点，因此马克思和恩格斯能够更加客观的看待人类的发展与自然界之间的联系，抓住人类与发展是自然关系的核心要素。马克思和恩格斯通过批判所谓"真正的社会主义"来表明他们客观对待自然，反对过度崇拜的观点，这种思想在 19 世纪的德国的知识分子之间十分流行，这也表明德国社会对于改造自然、颠覆传统的宽容。19 世纪的德国在欧洲社会并不属于顶尖的强国，相反德国的社会制度、经济水平处于相对落后的境地，在资本主义与封建思想博弈的过程当中，社会主义思想逐渐萌芽，正是在这样的社会背景之下，德国的社会主义思想逐步壮大起来。

马克思和恩格斯在《德意志意识形态》中引述了真正社会主义投向自然怀抱的精神情怀："……五色缤纷的花朵……高大的、骄傲的橡树林……它们的生长、开花，它们的生活，——这就是它们的欢乐、它们的幸福……在牧场上，无数的小动物……林马……活泼的马群……我（"人"说道)觉得这些动物除了那种在它们看来是生活的表现和生活的享受的东西之外，它们不知道而且也不希望其他的幸福。当夜幕降临的时候，我看到无数的天体，这些天体按照永恒的规律在无限的空间旋转。我认为这种旋转就是生活、运动和幸福的统一。"①

马克思和恩格斯还指出："真正的社会主义就是把自然界各种物体及其相互关系变成神秘的统一体，其错误就在于，把某些思想强加于自然界，他想在人类社会中看到这些思想的实现。"②人们将自己意识活动的美好意象附加到自然环境当中，并大力宣传这种人们想象构造出来的意识图景，强调人类应该无条件地服从自然顺应自然，这种观点是对人类劳动的忽视，也是对人类改造能力的错误预估。

---

① 马克思恩格斯全集(第 3 卷)[C]. 北京：人民出版社，1960，第 556 页
② 马克思恩格斯全集(第 3 卷)[C]. 北京：人民出版社，1960，第 561 页

对自然的盲目崇拜使得人臣服于自然环境之中，人类不去克服自然条件带来的困难，人类的社会就无法进步。

(二) 人在改造自然的过程中保护自然

1. 人创造环境

人作为高度进化的生物，所掌握的技术与拥有的工具足以对自然界造成不可逆转的改变。人与其它动物最大的区别就是人类能够不断改造环境，而其它生物则只能被动的适应环境，这也是人类与其它生物最大的区别。纵观人类的发展历史，人类文明进步的过程实际上就是不断改造自然使其适应人类生存与发展需求的过程，在这个过程中人类的知识不断丰富，技术不断革新，工具不断进步，使得人类具备了改造环境的能力。人类最初聚集在温度适宜的气候带，但随着人类文明的发展与进步，人类生存的足迹延伸到了地球的各种极端环境中，比如爱斯基摩人生活在寒冷的北极圈附近。都市的出现是人类主动改造环境、创造新环境的典型代表，在城市生活中人类通过自己的劳动来保证水源、食物等基本生活物资的供应，通过知识确保道路的畅通、生活环境的整洁，可以说城市是人类改造环境的最高成就。

2. 人对自然的改造要有所为、有所不为

人类作为自然界的生物物种之一，在自然界进行了数十万年的进化，自然性是人类的基本属性，这是人类的生物性所决定的。人类作为高度进化的生物物种，发展起了高度发达的文明，形成了独特的人类社会，因此社会性也是人类的基本属性。人作为自然性与社会性的结合体，无论是在自然界中活动还是在人类社会活动，都会与另外一种要素产生联系。我们知道人类生存需要从自然界获取物质资源，当人类的生存需求得到满足以后人类的社会性开始发挥自己的作用，促使人类在科学、艺术、哲学等领域进行探索与研究。

人类对自然进行改造的目的是获得生存空间，为人类社会的发展创造条件。从当前人类所掌握的技术手段与工具来说，人类对自然环境的作用能力已经大大超过了自然环境基础改造的水平，人类有能力对自然环境进行深度的改造。自然

环境的恶化与生态平衡的破坏所带来的恶果正在逐渐显现出来，人类社会的可持续发展面临着严峻的挑战。从工业革命开始到现在，人们对自然环境的影响与破坏比之前的几十万年都要严重，特别是 20 世纪以来，环境问题对人类生存与发展的影响越来越大。

二、马克思主义主要理论家的生态思想

（一）马克思的生态文明思想

在《1844 年经济学哲学手稿》中，马克思就人类发展与自然关系的处理进行了分析与研究，形成了最初的马克思生态主义思想。马克思在对人类的劳动对象进行分析与探讨时，曾经对自然环境与人类的关系进行过简单的描述，他指出："随着对象性的现实在社会中对人说来到处成为人的本质力量的现实，成为属人的现实，因而成为人自己的本质力量的现实，一切对象也对他说来成为他自身的对象化，成为确证和实现他的个性的对象，成为他的对象，而这就等于说，对象成了他本身。"[①]除此之外，马克思明还明确地指出："一方面为了使人之感觉变成人的感觉，而另一方面为了创造与人的本质和自然本质的全部丰富性相适应的人的感觉，无论从理论方面来说还是从实践方面来说，人的本质力量的对象化都是必要的。"[②]可见，人的本质还是要归结到自然本质当中，二者在根源上是一致的。马克思思想体系中对自然的定义，实际上不仅仅包括自然界的风、雨、雷、电等要素，还包括更广泛层次的意义。马克思认为："自然界就它本身不是人的身体而言，是人的无机的身体，人靠自然界来生活。这就是说，自然界是人为了不致死亡而必须与之形影不离的身体。说人的物质生活和精神生活同自然界不可分离，这就等于说，自然界同自己不可分离，因为人是自然界的一部分。"[③]他还指出："历史本身是自然史的一个现实的部分，是自然界生成为人这一过程的一个现实的部分。"[④]从这句中我们可以知道，人实际上是自然界的一部分，是只不过存在

[①] 马克思. 1844 年经济学哲学手稿[M]. 北京：人民出版社，1979，第 78 页
[②] 马克思. 1844 年经济学哲学手稿[M]. 北京：人民出版社，1979，第 80 页
[③] 马克思. 1844 年经济学哲学手稿[M]. 北京：人民出版社，1979，第 49 页
[④] 马克思. 1844 年经济学哲学手稿[M]. 北京：人民出版社，1979，第 82 页

的形式是自然界相对高级的物质形态，人与自然实际上是相互依存的关系。

(二) 恩格斯的生态文明思想

恩格斯对于生态思想也有自己独特的见解，恩格斯在《反杜林论》中对人与自然界的关系进行了详细的描述："当我们深思熟虑地考察自然界或人类历史或我们自己的精神活动的时候，首先呈现在我们眼前的，是一幅由种种联系和相互作用无穷无尽地交织起来的画面……为了认识这些细节，我们不得不把它们从自然的或历史的联系中抽离出来，从它们的特性、它们的特殊的原因和结果等等方面来逐个地加以研究。"[①] "原因和结果这两个观念，只有在应用于个别场合时才有其本来的意义；可是只要我们把这种个别场合放在它和世界整体的总联系中来考察，这两个观念就汇合在一起，融化在普遍相互作用的观念中，在这种相互作用中，原因和结果经常交换位置；在此时或此地是结果，在彼时或彼地就成了原因，反之亦然。"[②] 也就是说，我们在对人类的历史进行研究的时候，要从更高的角度对问题进行分析，将整个历史发展作为一个整体，来对各个时期的历史进行了解与认识，脱离整体观对历史进行分析，容易造成片面的历史认识。恩格斯在《路德维希•费尔巴哈和德国古典哲学的终结》中对于规律的实质与表现进行，书中说道："关于外部世界和人类思维的运动的规律在本质上是同一的，但在表现上是不同的，……人的头脑可以自觉地应用这些规律，而在自然界中这些规律是不自觉地、以外部必然性的形式、在无穷尤尽的表面的偶然性中为自己开辟道路的。"[③] 这句话对我们最大的启示就是，在认识形成与发展的过程当中，我们要对规律发生作用的客观性、必然性有明确的认识，对规律中蕴含的因果关系进行深入的探究。

(三) 列宁的生态文明思想

列宁是一位伟大的共产主义战士，在他的带领下俄国建立起了世界上第一个

[①] 马克思恩格斯选集(第 1 卷)[C]. 北京：人民出版社，1972，第 62 页
[②] 马克思恩格斯选集(第 2 卷)[C]. 北京：人民出版社，1972，第 156 页
[③] 马克思恩格斯选集(第 3 卷)[C]. 北京：人民出版社，1972，第 239 页

社会主义政权。列宁在生态问题上提出了非常明确的保护思路，但由于受到历史客观条件的限制，并没有形成实际有效的政策。列宁在《唯物主义和经验批判主义》一书中，对于自然界运行的规律性及其与人类社会发展的关系进行了阐述。列宁在生态问题上的基本态度是自然规律是绝对客观的，我们只能以相近的观点或真相对自然规律进行揭示。从这一观点出发，我们知道规律的作用是客观的，人类大量的参与到自然活动当中，会使得自然规律运行的条件发生变化，使得我们难以预测行为后果，对人类的生存与发展会造成极为不利的影响。人类依靠自己的大脑积累知识，创造新的工具，以便能够更好地征服自然，更好地为自己的生存创造便利的条件，但人类向自然的索取，对自然资源的利用一定要控制在合理的范围，否则等到自然环境被破坏到一定程度，就会发生各种意想不到的状况甚至灾难，对人类的繁衍生息造成威胁。

三、马克思主义生态思想的科学性分析

(一) 马克思主义生态思想是人的尺度与物的尺度的统一

人类的社会实践既要在自然规律的约束下进行，又要在社会规律与规则的约束下进行。在论述这个问题的过程中，马克思认为："动物只是按照它所属的那个种的尺度和需要来构造，而人懂得按照任何一个种的尺度来进行生产，并且懂得处处都把内在的尺度运用于对象，因此人也按照美的规律来构造。"[①] 人按照"种"的尺度进行实践活动，这里所说的种是指物种，人类作为自然界的一个生物物种，理应顺应自然界的发展的规律，在自然界中要为其它生物物种的生存与繁衍留下足够的资源与空间。人在自然发展的过程中，应该充分考虑自己的自然属性，尊重自然、尊重环境，只有这样才能更好地促进人类社会的发展，保证人类文明的延续。

20 世纪之后，新的工业革命兴起，人类的知识水平有了翻天覆地的变化，在技术的不断革新中，人类的物质生活开始兴盛起来，但与此同时由于资源的过度索取以及自然环境的超负荷运转，社会上开始出现各种环境问题，人类的生存与

---

① 马克思. 1844 年经济学哲学手稿[M]. 北京：人民出版社，2000，第 58 页

发展受到了威胁。在严峻的自然形势面前，人们对自然规律的探寻从来都没有放松过，人类活动对生态环境的影响已经成为造成环境问题的主要因素。在过去的发展过程中，人们习惯将自己作为整个发展的核心，随着人们对环境问题越加深刻，这一理念正在不断地转变，人们开始将自己作为自然界的一部分来看待人类的社会与自然环境的发展。

马克思生态文明观最核心的内容是，将人类发展的自然属性与社会属性统一起来，通过规律的合理运用达到促进人类社会和谐发展的目的。

(二) 马克思主义生态思想是解读人与自然关系的新范式

马克思主义生态学通过人与自然界之间的关系对生态文明观进行分析与解读，根据当前社会经济发展的特点以及人类对自然环境的期望，提出了一种全新的发展思路。福斯特通过对历史证据的重新整理，对被人们误解的马克思主义生态文明思想进行了恢复，使得人们能够看到马克思生态文明观的真实面貌。马克思生态观是以马克思主义哲学和历史观为基础的生态价值理念，马克思以人类历史为借鉴，以当前社会发展的事实为依据，试图建立一种新型的发展模式，将人类的发展与自然环境的平衡统一起来，这是一种关于人类社会发展的新思路。马克思主义生态思想并不是以技术手段来对污染进行修复与治理，而是在发展过程中通过发展模式的调整，从根源上避免环境的污染对生态的破坏，促进人类社会的 发展。马克思主义生态文明思想，对我国建设社会主义生态文明具有重要的指导意义，是新时期全面建设小康社会的重要指导理念。

(三) 马克思主义生态思想将"红"与"绿"结合了起来

从马克思主义形成的历史过程来看，马克思主义理论的产生与发展是在西方社会条件下完成的，而马克思主义的成熟与进一步深化则是在社会主义条件下完成。从生态思想角度对马克思主义进行理解，无论是马克思主义形成时期的西方社会，还是马克思主义成熟的社会主义国家，生态思想的核心理念没有改变，都是追求人类发展与自然环境的和谐统一。如果我们将马克思主义吸收西方社会背景形成的理论看作"绿"的话，那么在社会主义国家发展形成的思想理论我们可以称之为"红",而马克思主义生态思想将"红"与"绿"结合了起来,是适用性极强的生态思想。

在利用马克思主义生态思想对生态文明社会进行构建的过程当中,我们还要充分尊重国情特点,以马克思主义哲学的基本观点对生态思想进行应用,保证马克思主义生态理论能够在社会的发展与进步中发挥自己的应有的作用。马克思主义认为人的主观能动性对促成行为的成功具有重要的意义,在马克思主义生态文明观用于实践的过程中,要充分发挥企业、政府、社会组织以及个人的主观能动性,使他们主动去践行马克思主义生态文明思想。此外,在实施马克思主义生态文明思想的过程当中,还要坚持历史唯物主义思想,从历史发展与进步的角度对其进行分析与实施研究,最大限度地保证实施效果。

第三节　当代西方主流生态思想

随着工业革命的进行,资本主义制度在全世界范围内逐步确立,资本主义国家大量出现,但科技迅速进步、经济快速发展所付出的代价也超乎我们的想象。目前为了弥补历史上经济发展对环境的影响,发达西方国家开始对环境进行治理,并形成自己独特的生态价值理念。

一、西方社会与马克思生态思想的结合

(一) 生态马克思主义

20 世纪中叶,环境问题对人类社会的影响已经成为西方国家重要的社会问题,也是西方资本主义国家资本积累期间粗放型发展方式带来的必然结果。在西方国家对环境问题进行讨论的过程中,一部分学者将研究的方向转向马克思主义思想,他们试图通过利用马克思主义生态思想与西方国家成熟的技术体系与治理思路相结合来解决资本主义发展遇到的困境,这一理论我们称"生态马克思主义"。

"生态马克思主义",是生态思想与马克思主义思想结合的产物,在西方国家面临生态难题的过程中,生态马克思主义发挥了巨大的作用。生态马克思主义是

资本主义制度为了解决自身发展过程中所面临的问题时，第一次从马克思主义思想学说中吸收有益的经验。从更根本上来说，资本主义与社会主义是生产关系的上的矛盾，在面对生态问题这一关系到人类共同利益时，二者其实没有本质上的区别。同样，在我国建设社会主义生态文明的过程中，可以充分吸收西方国家有益的生态治理经验，借鉴西方发达国家有益的发展模式，改善我国当前经济发展生态效益相对较低的缺点。

生态马克思主义的主要代表人物和著作有：A．高兹《生态学即政治》(1975年)；w．里斯《自然界的统治》和《满足的极限》(1978年)；B．阿格尔《西方马克思主义概论》(1979年)等。

生态马克思主义认为，生态危机在资本主义社会发展的过程中不仅仅是因为核心利益关系产生的一个体制性问题，它是摆在全世界国家面前的一个问题，因为生态问题的影响具有国际性，任何国家都有保护生态环境、保持生态稳定的责任和义务。生态问题是关系到人类生存的重要问题，在这个问题面前，无论是资本主义国家还是社会主义国家既要对本国人民的生活条件负责，也要对人类的未来负责。资本主义的逐利性，使得资本家在追求利润的过程中容易忽视自己的社会责任与生态责任，从而对生态环境造成不良的影响。进入21世纪之后，人们对环境保护的认识与追求大大超过以往，无论是企业家还是普通的个体，都了解环境保护的重要性，在各国法律制度的约束下，环保已经成为企业不可推卸的责任，这对全球环境的保护具有重要的意义。

生态马克思主义认为工业虽然对人类的进步与文明的跨越有着不可替代的作用，但是工业发展的最终归宿仍然是社会主义模式。从社会主义角度对工业的描述中我们可以认识到两个重要问题：第一个问题是技术的开发应该以自然为基础，技术与自然发展之间并不存在矛盾；第二个问题是社会主义国家经济制度决定了国家对工业发展的强大调控能力，在社会主义经济模式下工业发展的生态效益能够得到最大化的保证。无论是资本主义发展过程中出现的国家干预，还是经济发展的未来趋势，国家对经济发展的科学性与生态性的调节都是十分必要的。资本主义制度，经济的发展主要依靠市场调节，自由资本主义难以克服市场经济本身的缺陷，因此国家对于经济的干预与调控是促进经济健康、可持续发展的最后底线和最根本保证。①

生态马克思主义学者主张生产要根据实际的市场需求和社会需求来组织，市场经济制度下对利润最大化的追求往往会带来很多不可预知的风险。资本主义和市场经济的逐利性，增大了各种负面的社会效益，并且在经济发展的生态效益上，这一点体现得尤为突出。从生产模式来说，大规模生产使得生产工作调节的空间变小、灵活性变差，在未来经济的发展随着中小企业技术能力的提升，专业化的小型生产必然会成为经济发展的一个重要方向。从环境的角度考虑，目前由于资金单薄，中小企业很难承担环境保护所带来的成本增加，但随着经济体制的不断变革，这一状况将逐渐得到改观，成为有效调节经济发展环境效益的重要切入点。

(二) 生态社会主义

1. 生态社会主义的内涵

生态社会主义(Ecological Socialism)是生态运动和思潮的一个重要流派，最早出现在阿格尔 1979 年的《西方马克思主义概论》中，其主要的代表人物有巴赫罗、莱易斯、阿格尔、高兹、佩伯等。20 世纪 90 年代之后，生态社会主义学家特别注意吸收绿党和绿色运动推崇的一些基本原则，包括生态学、社会责任、基层民主和非暴力等方面，坚持马克思关于人与自然的辩证法的基本观点，否定资产阶级狭隘的人类中心主义和技术中心主义，将生态危机的根源归结为资本主义制度下的社会不公平和资本积累本身，批判了资本主义的经济制度和生产方式，要求重返人类中心主义时代，也为生态社会主义思想的初步形成打下了基础。

2. 生态社会主义的特点

(1) 生态生产。

生态社会主义反对生态马克思主义提出的分散化和官僚化的乌托邦思想，反对垄断资本主义和苏联高度集权化的社会主义经济，反对稳态经济，主张在公有

---

① (英)戴维·佩伯著；刘颖译. 生态社会主义——从深生态学到社会正义[M]. 济南：山东大学出版社，2005，第355

制和民主管理的基础上实现计划和市场相结合，集中与分散相折中，中央与地方互补的混合型经济的增长。20 世纪 90 年代，美国约尔·克沃尔提出了具有明显的生态马克思主义特点的生态社会主义道路，赞同佩伯提出的关于计划与市场相结合的经济原则，但同时强调了生产必须符合生态化生产原则的重要性。

第一，生产过程与产品的一致性。生产过程是产品的重要组成部分，因为受到资本主义的压抑而消失的生产过程中的快乐，将会在生态化的生产过程中再现，并成为日常生活的有机组成部分。劳动成为生态化生产的自由选择，其目标在于完全实现使用价值而不是资产阶级所追求的交换价值。生产过程的民主化和生产产品的民主化得到统一，这是实现生态系统整体性的基础和条件。

第二，生产过程必须符合自然规律，特别是热力学定律。在一定程度上，太阳可以为地球补充能量，但是，资本为了实现利润的最大化，会利用一切可能的办法利用燃烧石油和煤炭等的能量来代替人工劳动，而在一个相对封闭的自然系统中，这种可供转化为能量的煤炭和石油越来越少。根据热力学定律这种转化是不可逆转的。因此，有必要对造成这种状况的资本主义生产体系进行变革，以确保人类社会的持续发展。生态化生产虽然不是完全符合能量守恒定律，但是我们还是应该尽可能地采用可更新能源和直接的人工劳动，来避免由于资本对能源的消耗而造成的不稳定状态。

第三，生态化生产与生态化需求的一致性。克沃尔提出了"需求的极限"理论，认为人们需要通过提高感受性来重新定位人类的需求，不仅要对基本的劳动组织进行改革，而且要从质量而不是数量上来定位人类需求的满足，它解决的是可持续发展的问题。第四，生态化生产与人的思维方式的一致性。人类必须参与维护人道的生态系统，发展一种接受性的存在方式，既要在主观上承认人类是自然的构成元素，又要在劳动的过程中与自然界相互融合。

(2) 社会公正与环境公正。

资本主义制度对资源的不合理分配，不但造成了社会不平等现象的普遍化，而且严重破坏了全球的生态系统。绿色经济理论认为，资本主义对生态危机具有一定的免疫力，它可以吸收生态危机，并进行自我恢复，包括建立奖惩制度、生态关税、自然资源损耗税等。绿色经济理论既不属于资本主义体系，也不外在于资本主义体系。尽管他们可能对资本主义进行严厉的批判，甚至是制裁，但是对社会制度的改革却不在他们的兴趣范围之内。相对而言，主流的生态经济学家们其实并不关心经济的规模，只有那些支持绿色经济的生态经济学家才关心经济的规模，并试图恢复小型的独立资本。

二、资本主义内部的生态思想

（一）史怀泽的"敬畏生命"思想

20 世纪中叶之后，以法国生命伦理学家阿尔伯特．史怀泽(Albert Schweitzer，1875—1965)为代表的生命伦理学派，把伦理关怀的对象从人扩展到一切生物，提出了"敬畏生命"(reverence for life)的理论，这一理论对当今世界的和平运动和环保运动都具有重大影响。

"敬畏生命"理论的核心思想是对生命的尊重与敬畏，任何对其它物种的伤害行为都是对生命的亵渎，作为自然界进化的产物，人类与动植物一样平等享有在地上生存的权利。人类对动物植物等生命的敬畏要像对人类自身生命的敬畏一样，这是人类面对自然界时应有的态度。诺贝尔奖的获得者阿尔贝特·施韦泽曾说："谁习惯于把随便哪种生命看作没有价值的，他就会陷于认为人的生命也是没有价值的危险之中。"[①]

"敬畏生命"的思想是人类思想领域的一盏明灯，它为迷失在人类本位制理念中的人们照亮了前方的道路。伦理和真理具有同样的客观性与永恒性，只要人类社会在发展伦理与道德就会对人类的思想和行为产生影响，从整个自然界的生态伦理来看，人类已经犯下了累累罪行，人类也将为自己的行为付出代价。从当前社会发展的状态来看，人类的道德操守与道德信仰不仅没有超越过去，反而在物质欲望的刺激下开始下滑，很多宝贵的道德文化和精神财富已经成为历史。现在人们对于一些违反道德的行为不但不去制止与批判，反而选择了放任其发展。

[①] 陈泽环．天才博士与非洲丛林——诺贝尔和平奖得者阿尔贝特·施韦泽传[M]．南昌：江西人民出版社，1995，第 161 页

对于生命的敬畏和尊重无论在那个时代都不会过时，它能够重新唤醒我们对自然的敬畏和对生命的尊重，让我们对周围的人和事更加关心，使得人与人、人与自然之间建立起新的精神联系。

承认一切生命的内在价值是作为"生物中心伦理"的核心观点，它极大的丰富了人类自然认识理论，更有人将这种观念的内在价值描述为"世界和生命主张"思想。科学技术的发展为人类文明的进步带来了革命性的促进，但人类在工业文明发展的早期对科学技术自然价值的忽略，使得人们仅仅将科学技术作为物理学的规律来进行利用，使得科学技术与自然环境的保护对立起来，在很长一段时间里科学技术发展带来的生产进步似乎都伴随着各种环境问题的出现。事实上科学技术作为促进社会发展与人类进步的重要手段，不仅能够在人类物质文明的发展中发挥作用，对于人与环境的协调发展也有很好的促进作用，我们应该善于发掘和利用，让技术发挥其真正的价值。

(二) 利奥波德的"大地伦理"思想

大地伦理学的奠基人是美国的奥尔多·利奥波德(Aldo Leopold)，其作品《沙乡年鉴》是最早对大地伦理思想进行阐述的书籍，该书一问世就引起了学者们的高度关注，大地伦理思想对现代生态思想的产生有重要的影响。

大地伦理思想认为，人与天地万物之间并不是奴役与被奴役的关系，从伦理学的角度来说，二者是平等的"同伴"关系。这些思想与当今的生态思想具有高度的一致性，从本质上来说大地伦理学与当今生态思想的追求也是一致的。利奥波德认为，对待土地与自然我们绝对不能像对待仆人那样，只从土地和自然环境中索取自身所需，而不承担自己的责任。大地伦理思想将人的社会伦理拓展到自然领域，将自然界的事物当作与人一样的"生命体"来对待，强调双方索取与义务之间的对等性。从这个角度来说，利奥波德对伦理思想的认识已经超越了物种的限制，人类的生存与发展需要对世界上存在的万事万物负责，不能无休止的索取与征服。人类的发展源于自然的恩赐，人类作为地球上生物群体的一部分，自身的生物特性是不能忽略的，在自身的发展过程中如果不对其他的生物群体负责，就是对生命对自身发展的不尊重，人类也必将为自己的行为付出代价。从生物学来说，自然界的生物之间有不可分割的联系，任何物种的存在都在自然界的发展中扮演着重要的作用。人类在自身发展的过程当中必学尊重这种客观存在的规律，依据自然界发展的基本规律办事，否则自然界的发展将会因为人类不负责任的行为受到影响，而自然界自身发展问题的出现又会对人类的生存与发展造成影响甚至威胁。

生态环境问题与哲学有着密切的联系，从某种角度来说生态环境也属于哲学范畴。奥尔多·利奥波德在《大地伦理学》一书中指出，环境问题的形成虽然与人类的行为文明的发展有不可否认的因果联系，但从历史的角度来看其更像一个哲学问题，环境问题的最终归宿也是哲学领域。生态问题的哲学性，使得我们对生态问题的研究有了哲学依据，生态文明社会的建设也必须找到一个可靠的哲学支撑。《创世纪》全书的前几页内容中非常明显的体现出了上帝让人类自己去治理地球的意味，这也是人们在环境问题上总是将矛头指向宗教的一个重要依据。[1]"如果他们的后代在过去的几百年里对人与自然的关系都只有一点模糊的理解，那么很难想象人类能够在文明之初，就能如此清晰地意识到他们的行为对环境的破坏性影响。"[2]如果我们从其他的角度对这个问题进行分析，我们会发现更多的合理性，比如人类早期的生存环境使得人类对于自然的关系难以协调，人类必须征服自然才能在恶劣的环境中生存下去，人类的文明只有不断从自然界获取自身生存与发展的物质资源才能得以延续。《创世纪》的主要思想并不是想为人类对自然环境恶化犯下错误寻找借口和理由，而是客观的描述了人类发展面临的环境威胁，如果人类不对自然环境进行改造，那么人类文明不会产生，人类的价值也难以得到彰显。利奥波德认为："哲学告诉了我们为什么不能破坏地球而不受道德上的谴责，也就是说'死'的地球是拥有一定程度生命的，应当从直觉上达到尊重。"[3]如果地球是一个由生命的活体，人类的行为能够对地球的健康与生命产生决定的影响，地球的繁荣与生命的延续需要人类对自己的行为加以约束，对自己的价值观

---

① (美)尤金·哈格罗夫著；杨通进译. 环境伦理学基础[M]. 重庆：重庆出版社，2007，第20页
② (美)尤金·哈格罗夫著；杨通进译. 环境伦理学基础[M]. 重庆：重庆出版社，2007，第23页
③ (美)尤金·哈格罗夫著；杨通进译. 环境伦理学基础[M]. 重庆：重庆出版社，2007，第88页

念进行调整。[①]

（三）罗尔斯顿的"内在价值"思想

多年以来，人们一直希望能够存在一种不同的思想价值理念来扭转人们之前对生态与环境的认识，并引导人们在生态环境是人类和谐发展的道路上前进。美国环境哲学家罗尔斯顿(Holmes Ralston)对大地伦理思想有深刻的认识与研究，他依此为基础结合人类文明发展的状况以及生物学认识，提出了自己的生态理念。罗尔斯顿认为："一个物种最终的形态是其生长环境所决定的。"[②]大地伦理思想应该拓展为自然伦理思想，将人类发展与自然环境和的关系拓展到更广阔的领域。人类作为自然界智慧最高的物种，应该为自然界的发展与延续贡献自己的力量，对自然生态环境系统给予充分的维护和支持。人类对自然环境的尊重和维护不仅仅是出于人类对自然的尊重，不单单是人的同情心和意愿，不单单是人的利益和自然的工具性价值，还要考虑自然的内在价值、生态系统的完整性与稳定性。人类从大自然的统治者降为普通成员，在自然界中没有特权。这种转变不仅提高了自然物体和生态系统的道德地位，而且与现代生态学的科学精神相一致，大地伦理学是彻底的非人类中心主义。罗尔斯顿认为，自然具有科学、审美、经济、消遣、遗传等14种价值，这些价值产生于人类与自然的相互关系中，是人类赋予自然物的。生态系统是这些价值存在的一个集合体，它拥有超越工具价值和内在价值的系统价值。[③]生态系统的价值是客观的，不以人的意志为转移的。

一个东西具有内在价值，是被认为具有为它自己的利益的价值。澳大利亚《生态与民主》的编辑玛休斯认为，当一个系统能够自我实现、自我保护时，我们就认为它拥有内在价值。人类把内在价值赋予人类自身，因为每个个人就是一个自我。在这里，我们没有强迫那些认为他们自身具有内在价值的人，去认识自我的

[①] (美)戴斯·贾丁斯著；林官明译. 环境伦理学——环境哲学导论[M]. 北京：北京大学出版社，2002，第216页
[②] (美)H·罗尔斯顿著；初晓译. 尊重生命禅宗能帮助我们建立一门环境伦理学吗[J]. 哲学译丛，1994(5)
[③] 曾建平. 环境正义：发展中国家环境问题问题探究[M]. 济南：山东人民出版社，2007，第41页

内在价值，包括其他人的内在价值。这就是道德哲学中的著名论题：人们是怎样根据第一个人的情况出发，去对第二个人、第三个人的情况做出论断的。自我理念在玛休斯的理论体系中占了很大分量，好像没有其他类似的特征能够保证人们在自我矛盾的痛苦中被迫把内在价值赋予自我，而不是他们自己。玛休斯认为，作为自我实现、自我保护的实体，非人类存在物的自我是"他们自身就是目的"。如果道德代理人承认其他自我拥有他们自己的"好"，那么这些代理人就应该去促进那些其他自我的"好"，把其他自我提升到更高位置。这时，道德代理人从其他拥有内在价值的自我那里收获的普遍观点，其实就是道德代理人自己的观点。去维护其他自我的"好"是我们"好"的一部分，也是其他自我"好"的一部分。①虽然玛休斯在确立道德代理人，是人还是其他自我上具有很大的模糊性，并在一定程度上迫使其他道德代理人的自我接受这种内在价值，但是，生态主义仍然需要这样的论证。

任何事物都不可能脱离其生存环境而孤立存在，不可能拥有自在自为的生态系统。自在价值(value-in-itself)总要转变为共在价值(value- i-togetherness)，并在生态系统中发挥作用，单个物体不可能成为系统中价值的聚集地。虽然生态系统的进化创造出了很多的个体和自由，创造出了越来越多的内在价值；但是，生态环境的整体性和系统性特质让"自在自为"的个体内在价值失去了存在基础。如果把这些个体的内在价值从公共的自然生态系统中剥离，那么就容易把价值看成是纯粹内在的价值的，容易走人形而上学的死胡同，以至于忘记了价值的联系性和外在性。在由溪流和腐殖土壤组成的生态环境中，延龄草获得了充足的水源和养分而茁壮成长，潜鸟也从其中鸣叫的那些湖泊中得到了营养和水源，这时的溪流和腐殖土壤是可评价的，有价值的。人们对物种、种群、栖息地和基因库的关注需要一种合作意识，这种意识把价值看作"共同体中的善"。自然界实体之间的关系和实体本身一样真实不妄，样式与存在、个体与环境、事实与价值密不可分地联系在一起，事物在它们的相互关系中得以生成和发展。内在价值只是整体价值的一部分，任何把它割裂出来并孤立评价的做法都是片面的，个体价值也只有

① (英)布莱恩-巴克斯特著；曾建平译. 生态主义导论[M]. 重庆：重庆出版社，2007，第67页

在自然系统中才具有意义。

(四) 黑尔的"环境正义"思想

当人们的需求超出了能够满足他们的手段，当少数人施加给社会结构的危害增大时，正义就成为一个重要议题，这时就需要避免人们的正义感受到更大伤害，即便不能让每个人感到幸福，也要对群体中的个体进行安慰。因为当人们在受到不公正的待遇时，他们往往寄希望于现行状况的改变。如果现行状况不会发生改变，那么这些人将不再对维持社会秩序进行合作，社会就会陷入混乱不堪的状态。

功利主义者认为能够带来最大化收益的政策与行为是正当的。那么，这种政策和行为对所有个体和族群是否都是公平的？幸福的最大化是否以他人的牺牲为代价而使相对少数人的而达到幸福？功利主义批判者认为富人和穷人的差距极大而且极不公正，从而否定了上述两个问题。但在 20 世纪 80 年代初，英国著名道德哲学家 R. M. 黑尔指出，功利主义注定是属于现实世界的，而不是反对者的空想世界。在现实的世界中，反对者所设想的那些选择是不可能实现的。人们不可能直接从社会分配中获得"舒适"和"烦人"，社会能够分配的只能是商品、服务、住房、交通运输、工作等，这些只是获得"舒适"并且远离"烦人"的手段而已。那么，"真正的问题在于，功利主义是否会认可这些实现美好生活的手段的不公正分配，或者是否通过这些分配手段，它要求'舒适'和'烦人'的不公正分配。"①根据边际效用递减规律，一个人拥有某物越多，他从该物的增益中享受的乐趣就越少。在其他条件相同的情况下，边际效用递减规律意味着，一种商品和服务给予穷人的分配将会带来更多的"乐趣"。额外的 10 万美元对一个平民百姓来说，要比对比尔·盖茨的意义更大。如果社会花费 1 亿美元建设住宅的话，给相对贫困的人建造 2000 处每座价值 5 万美元的住房，要比为那些已经富裕的人建造 200 处豪宅更为"舒适"。这时，幸福和偏好满足的最大化就成为我们的目标，为穷人修建 2000 所住房的政策就成为我们的首要选择。如果边际效用递减规律成为人们在选择时唯一思考的因素，功利主义针对贫困者商品和服务的分配将会量化，直至其

---

① (美)彼得·S. 温茨著；朱丹琼译. 环境正义论[M]. 上海：上海人民出版社，2007，第 233 页

幸福程度与富人相等为止。只要社会上存在贫富差距，那么，把资源直接分配给那些不足者而不是有余者，将会带来更多福祉。当且仅当所有人都均等地分享到社会资源时，社会福祉才会达到最大化。所以，在一般情况下，个人的生产力不可能得到全部发挥，除非这个前景与个人利益息息相关。黑尔认为，如果抛开了个人对商品和服务的贡献而实行平均主义的策略，就会挫伤劳动者的生产积极性，从而使社会可分配的商品和服务会越来越少，社会的总体"舒适"越来越低。[①]因此，功利主义反对均等化的做法，赞同适度的偏离平等，以激励人们的生产创造力。

生态化社会意味着社会正义原则的伸张。在一个充满正义的社会中，个人、社群甚至民族都有权享有社会报酬和获得均等的生活机会。因为社会正义既强调物品的公平分配，也强调教育、娱乐、食物、住所、个人和社群的自由以及政治权利的平等表达。在一个实现了社会正义的社会里，没有人会在资源环境方面做损人利己的事情。那些奉行被称为"环境正义运动"的主张和事业，在正义社会中将会消亡。而在当今世界，权力被剥夺的穷人正日益成为环境破坏和社会不公的主要牺牲品。所以，美国的"环境正义运动"组织坚决反对在穷人或者少数族裔社区建设废物转移或焚烧设施。20世纪80年代，美国卡罗来纳州曾经向一个黑人积聚的农村县沃伦县倾倒了大量多氯化联苯沾染的污土，在法律行动失败后，民众与当局之间爆发了大规模冲突，致使几百人被捕，但仍然无法阻止废物的倾倒。社会责任和社会正义相互联系的前提是所有人的人权和民主权利得到保障。社会正义启迪人们要在政治自决和经济自立的基础上，去追求环境的安康与福祉。环境就围绕在我们身边，它拒绝内城中破烂不堪的街坊，也拒绝因酸雨遭受病患而光秃的山顶。社会正义认为全体人民的能源需求，将使光和热不仅进入富人的高档社区，也要进入贫穷的低矮内城。而在能源生产中产生的危险副产品必须首先被彻底废除，即使不能完全做到，至少不应倾倒在无权无势的社区。[②]

[①] (美)彼得·S.温茨著；朱丹琼译.环境正义论[M].上海：上海人民出版社，2007，第188页
[②] (美)丹尼尔·A.科尔曼著；梅俊杰译.生态政治：建设一个绿色社会[M].上海：上海译文出版社，2002，第108页

第三章　推进生态文明中国建设的机遇与经验

第一节　我国推进生态文明建设的必要性

一、生态环境问题日益严重

(一) 环境污染界定

生态系统的平衡只是一种暂时的动态平衡。由于受系统的内部因素或外部条件的影响，这种平衡也会遭到暂时、局部的破坏，产生我们所说的环境污染问题。生态系统受到破坏的原因有两类：一类是自然界本身变异所造成的破坏或自然环境中本来存在的对人类及其他生物生存有害的因素，这一类问题称为原生环境问题。火山爆发、地震、水旱灾害、台风、海啸、流行病等都属于这一类问题。虽然这些因素对生态系统的破坏是极其严重的，且具有突发性的特点，但这类因素通常只是局部的、出现的频率不高，对人类生存影响并不是很大。例如火山爆发会产生大量的二氧化碳、二氧化硫、火山灰等有害物质(美国华盛顿州的圣·海伦斯山在 1982 年 6 个月内就喷出 9.1×10^5t 二氧化碳)，破坏了自然界原有的碳、硫循环，污染了环境。另一类是由于人类活动的影响所造成的环境问题，也称次生环境问题。人类在利用自然资源进行生产活动、改善人类生活条件的同时，也向周围环境排出了大量的废弃物，其数量远远超过了生态系统的自身调节能力，正常的生态关系被打乱，造成了生态平衡的失调，产生了环境污染，这种环境污染的程度可以简单的用下式来表示。

人类活动的冲击、破坏–包括自净功能在内的自然界动态平衡恢复能力=环境污染所造成的公害例如，自工业革命以来由于矿物燃料的大量使用，致使每年向大气中排放的二氧化碳量高达 200 亿 t 以上，破坏了原有环境中的碳循环，加之地球上大片原始森林被采伐(地球上目前每分钟就有 20 km^2 的热带森林被砍伐)，草原被开垦，绿色植物吸收二氧化碳量减少，造成大气中二氧化碳含量显著增高，在环境中产生所谓的"温室效应"，促使地球变暖，这是人类有史以来共同面临的最大危机，这场危机是全球性的，也直接威胁到人类文明。

又如，现代工业的发展，特别是化学工业的发展，大量种类繁多的人工合成新物质的产生，也带来了新的环境污染问题。其中较为突出的例子就是化学农药的使用，近年来广泛使用的杀虫剂、杀菌剂、除莠剂、植物生长素等虽然对农业生产的发展起了很大作用，但也对人类和其他生物产生了不同程度的危害(如图 3-1 所示)。据资料统计，仅发展中国家每年就有 1 万余人死于农药中毒，受其毒害的人则更多。

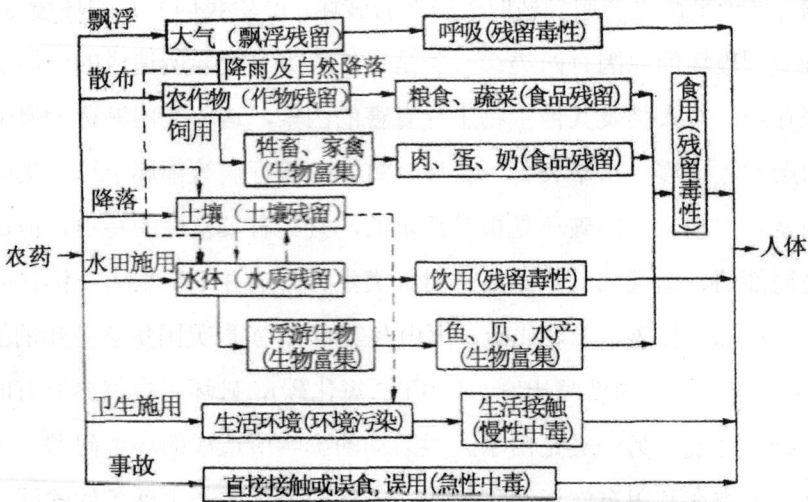

图 3-1　农药残留在环境中的转移与危害

由以上两例可见，由人为因素对生态平衡的破坏而导致的对生态系统平衡的破坏是最常见的，最重要的，这种影响往往是缓慢的、长效应的，而且这种破坏后果也常常是难以扭转的。因此次生环境问题是人类更为关注的环境问题，我们所说的环境污染，主要是对次生环境问题而言。

(二) 当前我国面临的主要环境问题

当前人类面临的主要环境问题表现为人口膨胀、资源短缺、生态破坏和环境污染问题，它们之间相互关联，相互影响，是目前环境科学重点研究的对象。

1．人口问题

人口是生活在特定社会、特定地域、具有一定数量和质量，并且在自然环境和社会环境中同各种自然因素和社会因素所构成复杂关系的人的总称。人口的急剧膨胀是当前人类面临的主要环境问题之一。据统计，自人类诞生以来直到工业革命以前，这段漫长的时期里，世界人口总数很少，据估计每 $200km^2$ 少于 1 个人。工业革命以后，人类的生产力水平迅速提高，人们生活水平和医疗卫生水平显著提高，尤其是第二次世界大战后，1975 年达到 40 亿，1995 年达 56．8 亿，目前已经超过 60 亿。世界人口增长速度达到了人类历史最高峰。预计到 2025 年世界人口将超过 80 亿，并继续增长，直到 22 世纪初世界人口才能达到稳定值。人口虽然是宝贵的财富，但人口的快速增长和人均占有资源的矛盾愈加尖锐化；同时在生产过程中废弃物的排放量也增大，加重了环境污染。另外，人口的增加会超出地球环境对人口的合理承载能力，这必将对人类的经济、社会、环境产生不可估量的影响。

2．资源问题

人口的增长必然从环境中攫取更多的资源，而那些不可再生资源将面临短缺和耗竭的危险，即使可再生资源也会出现供不应求的局面。全球资源问题主要表现为：水资源严重短缺、土地资源不断减少和退化、能源紧张、矿产资源浪费和短缺等。

3．环境污染问题

人口的不断增加、科学技术的日益进步，使人类的生活条件得到了极大的改善，然而这一切都是建立在对自然资源的长期消耗之上的，环境问题也随着自然资源的消耗而逐渐显现出来，水污染、空气污染、土壤污染等一系列污染问题对人类的身体健康产生了不利的影响。

（三）环境问题的危害

1. 环境污染危害的宏观认识

生存环境的污染物通过空气、水、食物等介质侵入人体，会直接或间接影响人体健康。如引起感官和生理机能的不适，产生病理变化，发生急、慢性中毒，甚至死亡。环境污染对人类健康的危害总的来说主要包括以下三方面：

(1) 急性危害。现代工业使得污染物产生的时间相对集中，短时间内污染物得不到扩散，会在污染区域维持较高的浓度，这时一种或者几种污染物进入人体，对人类的健康产生急性危害。

(2) 慢性危害。慢性危害的作用过程相对较长，主要是污染物持续进入人体对人体健康产生影响，比如大气污染会对人类的呼吸道产生缓慢的作用，危害人类的健康。

(3) 远期危害。远期危害也可以称为长期危害，这种危害通常不会在污染物产生之处就对人类的健康造成威胁，而是需要经过一段时间的积累与潜伏才会对人类产生危害，比如癌症。癌症的诱发通常有致癌物质的参与，物理要素、生物要素以及化学要素都可以成为诱发癌症的要素。对人类的健康产生危害。另外，污染物远期危害还表现在对遗传的影响，主要表现为致基因突变和致畸作用。

2. 环境污染危害微观认识

污染不同导致其对健康的危害也不同，以大气污染、水体污染、土壤污染和食品污染为例，分述如下：

(1) 大气污染的危害。

近几十年来，医学界发现传染病的发病率和死亡率在不断下降，而癌症的发病率和死亡率却不断上升。国际癌症研究中心(IARC)自 1971 年以来组织了 21 个国家 134 名专家对 368 种化学物质进行鉴定，认为对人类有致癌作用的化学物质有 26 种，其中大气中的致癌物质大部分是有机物，如多环芳烃及其衍生物，小部分是有毒的无机物，如砷、镍、铍、铬等，这些化学致癌物对人类健康具有潜在的危害。大量资料表明，近年来城市大气中的苯并[α]芘浓度和煤烟量与肺癌死亡率有明显的相关性。据统计，2010 年全世界共有 22.3 万人死于空气污染导致的肺癌。预计到 2033 年，全球新增癌症病例将达 2500 万人，其中大部分来自发展中国家。

(2) 水体污染的危害。

水污染对人类健康的影响是多方面的，急性危害、慢性危害以及长期危害都存在。水体被有毒物质污染后可能会对人体引起急性或者慢性的中毒，大多数情况下水体污染对人类健康造成危害是因为直接饮用，也有一部分情况是间接影响。

水体污染后会对人的身体健康产生长期影响，比如致癌、致畸等。这种危害通常是污染物在水生物体内蓄积，人类长期食用这些水生物后污染物质会在人体内蓄积，引起身体健康问题。

传染性病菌会在水体内滋生、存活，并通过水体传播。比如，人畜粪便进入水体后会对水体造成污染，人类接触污染水体后可能会引起细菌性肠道传染病，如伤寒、痢疾、肠炎、霍乱等。另外，寄生虫也可以在水体内存活，因此寄生虫会通过水体进入人体，对人体健康产生危害。还有一些污染物比较特殊，污染物对人体不会造成直接危害，比如一些无机盐，但这些污染物会使水体变色、发臭、产生泡沫等，使水体遭到非危害性污染。

(3) 土壤污染的危害。

被病原体污染的土壤是传播疾病的重要媒介，比如土壤是伤寒、副伤寒、痢疾、病毒性肝炎等疾病的重要传播渠道之一。土壤传播的传染病的病原体会随着病人或者病菌携带者的衣物、器皿等经常接触的物品进入土壤，从而引起土壤的污染，成为病菌传播的媒介。土壤污染还会造成的寄生虫的传播，常见的通过土壤传播的寄生虫有蛔虫和钩虫，这些寄生虫进入人体后会诱发蛔虫病、钩虫病等寄生虫病。土壤传播的寄生虫病通常是由于生吃瓜果蔬菜引起的。蛔虫的卵只有在土壤中才能发育成熟，而钩虫传染的一个重要途径就是虫卵在土壤中孵化。

有些疾病在人类与牲畜身上都会感染，这些疾病主要的传播途径就是土壤，当然大多数情况下疾病是从动物传染到人类。最常见的人畜共患的传染性疾病是钩端螺旋体病，牛、羊、猪、马等牲畜如果患有此病，其粪便、尿液中会携带病原体，进入土壤后这些病原体可以存活数个星期，如果期间人类通过某种途径直接或者间接接触这些土壤，就可能被感染。炭疽杆菌芽孢在土壤中能存活几年甚至几十年。破伤风杆菌、气性坏疽杆菌、肉毒杆菌等病原体，也能形成芽孢，长期在土壤中生存。人体受伤后，伤口受泥土污染，很容易感染破伤风或气性坏疽病，此外，被有机的废物物品污染的土壤是蚊子、苍蝇以及鼠类聚集与繁殖的场所，这些动物被认为是最容易传播疾病的媒介。

土壤被有毒化学物污染后，一般来说不会产生直接影响，大多数情况下是间接对人体产生危害的，比如污染土壤上生长的农作物、污染地下水或者地表水等。土壤中如果含有有毒物质会随着水分的沉积污染水源，人类如果饮用污染水源会造成中毒现象。

(4) 食品污染的危害。

食品污染涉及生物性污染、重金属污染、有机物污染等很多方面。当人们一次大量摄入受污染的食品时，可引起急性中毒，即食物中毒。如细菌性食物中毒、农药食物中毒、霉菌毒素中毒等。长期少量摄入受污染的食品，可引起慢性中毒。中毒后除表现出一些临床症状外还可表现为生长迟缓、不孕、流产、死胎等生育功能障碍。除此之外，各类添加剂造成的食品污染也日渐走进人们的视野。现代人的现代化饮食，过分追求食品的"色、香、味"，大多数添加剂都是化学物质，如防腐剂、杀菌剂、漂白剂、抗氧化剂、甜味剂、调味剂、着色剂等，多数具有一定的毒性，过多地摄入这些物质会在体内积累，对人体产生危害。为此，食品化学添加剂的污染正逐渐受到人们的重视。

二、生态环境保护理念增强

中华民族历史悠久，在五千年的发展过程中形成了灿烂的文明，从开发与保护自然环境的角度来说，我国很早的时候就产生了朴素的环境保护理念，并形成了文字记载在典籍当中。《周礼》在强调自然对于人类以及万物生长的重要性时说："天地之所合，四时之所交也，风雨之所合，阴阳之所合也，然则百物阜安。"同样在《荀子》、《吕氏春秋》、《孟子》、《史记》等书中都有类似的记载，这些思想我们统一称为 "天人合一"，这是我国最早的环保理念。

进入现代社会后，由于认识的落后以及各种客观因素的影响，我国环境保护工作起步相对较晚。1972 年 6 月，联合国在斯德哥尔摩召开了关于保护环境的世界性的会议，我国首次派代表团参加。斯德哥尔摩会议使我国对环境保护有了新的认识，我国环境保护工作以此为基础逐渐发展起来，可以说这次会议是我国现代环保事业的开端。

受斯德哥摩环境保护会议的影响，1973 我国在北京召开了全国第一次环境保护工作会议，这次会议的主要内容是对我国存在的环境问题进行总结与梳理，并通过了 32 字环境保护方针，即"全面规划，合理布局，综合利用，化害为利，依靠群众，大家动手，保护环境，造福人民。"此外，这次会议还制定了环境保护的若干政策，出台了《关于保护和改善环境的若干规定(试行草案)》。

1973 年之后，我国环境保护工作逐步全面展开，形成了覆盖中央到地方的环境保护职能机构，促进了我国环境保护工作的开展。1974 年 10 月，经国务院批准，我国国务院环境保护工作组正式成立，至此环境保护工作成为我国国家层面的发展规划之一。

1978 年 3 月 5 日五届人大一次会议通过的《中华人民共和国宪法》，这次宪法修订对国家自然资源保护以及环境污染防治给出了明确的规定，环境保护工作法制化时代开启。

1978 年 12 月 31 日，中共中央批准了国务院环境保护领导小组的《环境保护工作汇报要点》，该文件指出，在社会主义建设中，环境保护也是其中极为重要的一项工作。

1979 年 9 月 13 日，五届人大常委会第十一次会议原则通过《中华人民共和国环境保护法(试行)》，随后正式颁布并实施。该环境保护法的颁布，为我国环境保护工作提供了相关的法律保护和约束，是一项里程碑式的法律。在环境保护法中，对企业和公民所应承担的环保责任都进行了明确的规定，这为未来我国环保工作的进行提供了重要的法律支撑。

1983 年 12 月 31 日至 1984 年 1 月 7 日，第二次全国环境保护工作会议在北京召开。该次会议的主要内容是，针对我国在 20 世纪末的环境保护工作进行了整体规划，并确定了我国在 20 世纪最后 17 年的环保工作战略目标。在此次会议中，我国制定了三项重要的环保政策，并一直沿用至今，对我国环境保护工作的开展起到了重要的指导意义。这三项环保政策为："预防为主、防治结合、综合治理"、"谁污染谁治理"、"强化环境管理"。

1989 年，第三次全国环境保护工作会议在北京召开。在此次会议汇总，八项环境管理制度决议被通过，其为有中国特色社会主义环境保护道路的开拓具有里程碑式的意义。

1992 年，联合国环境和发展大会在巴西里约热内卢召开，针对该次会议的主要内容，我国随后就制定了针对我国环境与发展的十大对策，并在全国范围内开始实施。

1996 年 7 月，我国第四次环境保护工作会议在北京召开。此次会议提出，要在"九五"期间要对全国主要污染物排放总量进行全面控制，同时还提出要搭建中国跨世纪绿色工程的战略规划。此次会议的主要任务和目标是，全面落实环境保护政策，这对促进经济和社会可持续发展的实现具有重要的现实意义。

2001 年，中共中央举行座谈会，提出要"确保国家环境安全"。在此次座谈会中，将我国的环境问题提升到了一个新的高度，将其提升到了国家安全层面，这对我国环境保护工作的深入开展起到了重要的推动作用。

2002 年，全球可持续发展首脑会议在在约翰内斯堡召开。会议提出，全世界要引起对新世纪环境保护问题的重视，这有利于实现人类社会的稳定和可持续发展。针对当前世界上出现的环境问题，联合国还指定了相应的政策措施，希望各个国家予以配合，这对全球环境保护工作的开展具有重要的意义。

2003 年，我国制定了"新世纪中国环境保护战略"。在该战略中，初步预测了我国在新世纪的 10~20 年国家环境安全发展趋势，并对国家环境安全的总体战略和对策进行了构建，同时还提出了能够保障环境安全的 7 大体系。国家环境安全的重点领域，应放在水环境安全、大气环境安全、生态环境安全、危险废物和土壤环境安全、核与辐射环境安全等方面，并针对这些领域中存在的实际问题，制定了相应的解决措施。

第二节 建设生态美丽中国的历史机遇

我国生态文明的建设，必定会经历较长的时间，会遭遇到多种困难，但与此同时，我们同时也会遇到巨大的机遇。例如，马克思所提出的生态观、我国在不同领域建设所取得的重大成果、整个民族都开始对环境问题的关注，这些都会为我国生态文明的建设的推进带来巨大的机遇。

一、马克思主义生态思想为我国生态文明建设提供了思想理论基础

从我国国情出发，我国建设生态文明的过程中，必须要将马克思主义的生态思想作为理论指导。科学发展观就是马克思主义中国化的最新成果，在我国生态文明建设中必然要起到重要的理论指导作用。实际上，我国对生态问题的关注在很很早的时候就已经开始了。先人所产生的生态文明的思想智慧，为我国生态文明建设的顺利开展提供了重要的文化支撑。针对生态文明思想，古代智慧与现代思想的碰撞，必定会激起更大的思维创造，共同成为我国生态文明建设的理论基础。我国在建设生态文明的实践过程中，必须要始终将马克思主义的生态文明思想作为重要的指导思想。这是因为，马克思主义思想是科学的指导思想，在我国社会主义事业建设中，马克思主义思想起到了重要的思想指导作用。因此，当前我国在建设生态文明的过程中，仍然要重视马克思和恩格斯生态文明思想的指导作用，这对我国生态文明建设的顺利开展具有重要的价值和意义。

马克思和恩格斯的生态文明理论，具体来说，主要包含在以下几方面：

第一，马克思的生态文明理论认为，生态文明的思想基石是人与自然的辩证观，这就从本位论的角度，解释了自然先于人存在的客观事实。实际上就是说，人实际上是被包含在自然之内的，人属于自然的一部分，在自然的面前，人类显得极为渺小，因此人类必须要尊重自然和善待自然。站在人的角度来看，人是实践的主体，拥有者主观能动性，可以对自然进行改造。从这里就可以看出，人与

自然实际上是一种共存的关系，二者必须要共同进化，建立一种和谐的关系，实现协调发展。

第二，在马克思的生态文明理论中，认为终极目标是要实现人与自然的和谐发展。马克思指出："遵循自然规律是人与自然和谐发展的必要条件，而实现人与自然和谐发展的关键要处理好人与人的关系。"

第三，在马克思的生态文明理论中，认为必须要正确处理人口、资源、经济等方面之间的关系，这是实现生态文明的重要理论基础。从客观上来看，对于马克思主义的研究，西方学者研究的更为透彻，而马克思主义生态学则是对马克思主义的当代发展。当前，全球环境问题恶化，成为整个人类都必须要面对的现实。生态学从当前的生态环境出发，将先人的生态文明思想智慧同当前的环境状况相结合，同时将生态学与马克思主义相结合，对当前生态环境退化的原因，以及生态危机出现的原因进行了深入研究，对其中的规律进行抽象和总结，并最终针对环境问题的改善和解决提出有效的解决措施和途径，进而形成了一种新的马克思主义理论，也就是现代人们常说的马克思主义生态文明思想。马克思主义生态学认为，生态关系所处的位置要先于社会关系，要在建设生态文明的过程中不断对异化生产和异化消费进行克服，改变以往不良的消费方式和生产方式，形成绿色生产和绿色消费观，为生态社会主义的实现打下坚实的基础。

二、我国经济建设和社会发展取得的巨大成就

党的十一届三中全会之后，确定了"解放思想、实事求是"的思想路线，党和国家的工作重心要转移到经济建设上来，确定要实行改革开放。在有中国特色的社会主义理论的指导下，我国经济实现了快速的增长，所取得的各项成就受到了世界的瞩目。经过三十年的发展，我国经济的发展进入到了一个新高度，跃居为世界第二，仅次于美国。在这一时期，人们的生活水平有了质的提升，国家的综合国力增强，社会主义的发展进入到了一个新的阶段，无论是国家还是人们，都迎来了一个崭新的面貌。这所有的一切，都为我国建设生态文明，奠定了坚实的物质基础和技术基础。

三、我国经济发展所面临的生态危机

我国在进入工业社会之后，需要利用大量的资源来支撑工业的发展，由于对资源的过度开采，再加上不注意环境的保护，使得工业生产对于环境造成了巨大的破坏。与此同时，世界范围内的环境问题也日益严重。进入到 21 世纪，人类文明的进程已经遭受到了环境问题的巨大威胁，人类生存与发展所面临的中心问题就是生态危机。在世界范围内，面临的最为严重的生态环境问题主要有：全球气候变暖与海平面上升、土壤损失与人均耕地不断下降、森林资源日益减少、淡水供给不足、臭氧层空洞、生物物种加速灭绝、人口膨胀等。

为了应对生态危机，国际社会做出了多项努力。进入到 21 世纪后，气候的变化问题越发受到国际社会的关注。为了应对气候变化，联合国召开了多次会议，并相继颁布《联合国气候变化框架公约》和《京都议定书》，确定了在应对气候变化时，国际合作中所涉及的原则和框架。联合国气候变化大会于 2009 年 12 月 19 日，在丹麦的哥本哈根正式闭幕。在各国的不懈努力下，会议取得了多项重要成果，为全世界人民应对环境问题，促使可持续发展的实现起到了积极作用。2010 年 11 月 29 日至 12 月 11 日，有近万名代表参加了在墨西哥坎昆召开的联合国气候大会，他们来自于世界上的 190 多个国家。在该次会议中，针对生态环境保护问题，在资金和技术转让等发展中国家最为关注的问题上，取得了重要的成果。我国的人口数量庞大，因此在对比国内的人均能耗时，人均能耗量不高。但是如果从单位的角度来计算，单位 GDP 中 CO_2 排放量和单位能耗 CO_2 排放量都是一个惊人的数字。无论是与发达国家相比，还是与世界平均水平相比，这个数字都处于较高的位置。我国的这种环境情况，使得发达国家联手施实减限排时，中国受到的关注和压力都是巨大的。

随着我国经济的快速发展，人们也逐渐认识到，在经济快速发展的过程中，也凸显出来了更多不和谐的因素。世界范围内的生态危机爆发之后，我国随后也陷入其中，并制定了一系列的措施来进行有效的应对。2007 年，我国制定并颁布了《中国应对气候变化国家方案》，其主要针对的是全球变暖的问题，是我国依据

"共同但有区别的责任"原则所制定的。该方案的颁布，是我国应对环境问题的重大举措，也是我国针对全球变暖问题所制定的第一部方案措施。在 2009 年，我国又针对全球变暖问题的元凶——CO_2 的排放量进行了限制，并对国民生产总值 CO_2 的排放量进行了总体上的规划。

四、我国为生态文明建设制定了一系列配套政策

2000 年，我国相继颁布了《全国生态环境保护纲要》和《可持续发展科技纲要》等政策。2002 年党的十六大报告提出了"生产发展、生活富裕、生态良好的文明发展道路。"在党的十六届三中全会上，提出了"坚持以人为本，全面、协调、可持续发展的科学发展观"，要推动经济和人的全面发展。在党召开的十六届五中全会中，强调必须要始终坚持科学发展观的指导，将其作为经济社会发展的主要指导思想，并在经济社会发展的各个阶段贯彻落实。2006 年，党的十六届六中全会召开，提出要"构建社会主义和谐社会"。2007 年，党的十七大报告明确提出，"建设生态文明，基本形成节约能源资源和保护生态环境的产业结构、增长方式、消费模式"。2012 年，党的十八大提出了"五位一体"建设美丽中国的战略。在多项政策、制度规范的施实下，我国开始着手建立循环经济，并且生态环境质量也得到了一定程度的改善。

当前，环境保护已经成为我国的一项基本国策，是国家和人民要长期贯彻执行的。这有利于引起全体社会公民对于环境保护的意识，对全面提高人口素质具有重要的意义。在对社会项目进行扶持的过程中，要重点关注那些有利于环境保护的项目，要始终坚持防患于未然的思想，改善生态环境问题，防止环境问题的进一步恶化。这些都为我国进一步深化生态文明建设问题，做好了充分的准备条件。

第三节　我国生态文明建设的历史探索与成就

在我国历史发展的长期进程中，环境保护工作始终都受到多方面的关注。例

如，我国在建国初期，疏浚京杭大运河、兴建大中型水库、新建和改造市政公用设施等项目中，都针对生态环境保护问题做出了应对措施。在中国共产党召开的十八届全国代表大会时，专门对生态文明进行了着重的阐述，这样一个生态环境的保护发展历程中，我国的生态环境保护问题取得了多项的成果。并且，在这一过程中，针对生态环境的保护问题，我国也得到了很多宝贵的经验，这对我国生态文明建设的全面推进，打下了坚实的基础。

一、我国生态文明建设的历史进程

（一）提出和实施绿化祖国的任务和目标

1949年，新中国成立之后，全国各行业都处于百废待兴的情况。在经历长期的战乱之后，我国的生态环境也遭到了严重的破坏，在新中国第一代领导集体正式上任之后，对生态环境的修复就成了他们面临的一项重要任务。在当时的情况下，我国的工业发展仍处于初级阶段，因此造成生态环境破坏的因素还较为单一，其破坏程度也处于初级的阶段。因此，对于当时生态环境的破坏问题来说，对其进行修复并不是很困难的事情。以毛泽东为核心的党中央的第一代领导集体，对于生态环境问题的修复，主要手段是植树造林，实现对森林地貌的修复，在荒山野地进行造林计划，不断对荒地进行开垦。针对生态系统的修复，毛泽东提出："在十二年内，基本上消灭荒地荒山，在一切宅旁、村旁、路旁、水旁，以及荒地荒山上，即在一切可能的地方，均要按规格种起树来，实行绿化"。这是新中国在成立之后，所面临的一项重要工作任务，其主要目的是实现对自然生态环境的修复。

中国在进入到社会主义改造时期之后，毛泽东通过贺电的方式向全国人民发出了"绿化祖国"号召，随后又提出了一项重大任务，即要"实行大地园林化"。针对该项任务，毛泽东还提出了一系列的实现目标，"要使我们祖国的河山全部绿化起来，要达到园林化，到处都很美丽，自然面貌要改变过来。""一切能够植树造林的地方都要努力植树造林，逐步绿化我们的国家，美化我国人民劳动、工作、学习和生活的环境。"

针对我国建国初期所面临的生态环境问题，党的第一代领导集体制定了一系列的政策措施，这为未来我国生态环境问题的治理打下了坚实的基础。

(二) 提出环境保护的基本国策

我国在进入到 20 世纪 80 年代之后，针对生态环境保护问题方面的工作也持续进行了几十年，取得了一定的成就。但是从当时的整体环境上来看，生态问题仍面临着大量的问题亟待解决。在当时，我国的工业已经实现了一定程度的发展，由于生产设备落后，科学技术水平较为落后，因此当时的工业主要实行的是粗放式的发展模式。在该种生产模式下，所出现了一个重要的负面问题就是，对生态环境造成了严重的破坏，各种环境污染问题频繁出现，并且还呈现出逐渐加重的趋势。

针对上述情况，1990 年中共中央制定并颁布了《国务院关于进一步加强环境保护工作的决定》，该文件强调："保护和改善生产环境与生态环境、防治污染和其他公害，是我国的一项基本国策。"这是国家提出可持续发展战略的一个重要前提。

(三) 提出并确立了可持续发展战略

《中国 21 世纪议程——中国 21 世纪人口、环境与发展白皮书》是我国在 1992 年制定并实施的，其针对可持续发展问题进行了分析和展望。随后，《国民经济和社会发展"九五"计划和 2010 年远景目标纲要》在 1996 年被制定并颁布，在该文件中，正式将可持续发展作为了我国的国家战略，成为未来我国发展的一项重要方向。

进入到 20 世纪 90 年代末，针对可持续发展战略的实现，我国又制定了一系列的政策措施，包括《全国生态环境保护纲要》、《可持续发展科技纲要》等。此外，中国科学院还专门成立了研究可持续发展战略的机构——可持续发展战略研究所，并制定发布了《中国可持续发展战略报告》。《中国 21 世纪初可持续发展行动纲要》是由国家纪委会同有关部门所制定的，国务院在 2003 年进行印发。在《纲要》中，针对可持续发展战略进行了全面的概括，包括实现的目标、重点领域和保障措施等，这对我国可持续发展战略的实践起到了重要的推动作用。该文件在颁布之后，成了全国各地生态文明建设工作的重要指导文件，很多地区针对文件内容都开始积极响应，很多生态市、生态县、生态示范区等相继建立起来。

(四) 提出人与自然和谐发展

我国在进入 21 世纪之后，工业实现了快速发展，伴随而来的，就是对资源的消耗速度很快。面对这种情况，如果不及时开发出新的替代能源，那么在一段时间之后，当资源的储存量已经不能再支撑工业发展的需求之后，那么随之而来的必然是工业发展速度的降低，其发展也会受到资源短缺的严重制约。因此，在进入到经济发展新时期之后，人们关注的重点就放到了资源环境问题上。面对这种生态环境问题，为了实现中国社会的可持续发展，中国共产党提出了人与自然和谐发展的思想，这是对生态观和发展观的进一步深化。

在党的十六大上，中国共产党提出了全面建设小康社会的目标，即"可持续发展能力不断增强，生态环境得到改善，资源利用效率显著提高，促进人与自然的和谐，推动整个社会走上生产发展、生活富裕、生态良好的文明发展道路。"该目标的提出，可以确保中华民族的永续存在和发展，这被看作是生态文明思想的雏形。在十六届三中全会上，正式提出了科学发展观的概念，即要"坚持以人为本，实现全面、协调、可持续的科学发展观"，提出建设和谐社会，实现人与自然的和谐发展。此外，在该会议中，还提出要全面提高对各项资源的利用率，要适当开采资源，减少对资源的浪费，在全社会推广生态环境意识，改善生态环境状况，这也是此次会议的一个重要目的。上述观点的提出，是对马克思主义生态思想的延续和深化，是在我国发展的现实需求的基础上所提出的，具有很强的现实性和可观性。在此次会议之后，我国的社会主义理论体系得到了进一步的完善，为我国全面建设和谐社会的实现奠定了坚实的基础。

(五) 提出建设社会主义生态文明

在党的第十七次全国代表大会上，针对建设"生态文明"的问题，中国共产党再一次进行了重申，并将建设"生态文明"的观点加入到了全面建设小康社会的体系之中，成了衡量整体目标是否实现的一个重要考核标准。换句话说，也就是在我国全面建设小康社会的伟大事业中，如果只是实现了物质文明、精神文明、政治文明，那就不能被称为是全面小康社会的实现，此时社会的发展也是不全面的。在全面建设小康社会的宏伟目标中，加入"生态文明"的理念，就要求在经济社会发展的过程中，必须要提高对资源的利用效率，树立资源节约意识，实现对产业结构的升级，改变传统的经济增长方式，实现从粗放型经济增长方式到集约型经济增长方式的转变。

在全社会范围内，要大力倡导循环经济，提高对可再生资源的研发和利用，有效控制主要污染物的排放，全面改善生态环境质量，在全社会范围内树立生态文明的观念。在对公众进行意识形态的教育中，要切实践行我国的基本国策，要始终树立保护环境和节约资源的观念，并在此基础上开展对工业化和现代化的发展，积极开发新能源，建立生态环境保护意识。针对全面建设"生态文明"的实现，全国各地要切实制定可实施的计划方案，不断对生态文明建设的制度体系进行完善，并确保可持续发展的最终实现。

二、我国生态文明建设的基本经验

(一) 坚持中国共产党的领导

针对生态文明的建设工作，中国共产党始终都给予了高度重视，在中国发展的各个进程中，包括革命时期、建设时期和改革时期，都针对生态文明的建设工作给与了很多关注，从我国历代领导集体的生态思想中都有体现。

在召开的党的十八大报告会议上，中国共产党针对生态文明建设着重进行了阐述，提出："建设生态文明，是关系人民福祉、关乎民族未来的长远大计。"这也就将生态文明提高到了一个新的高度，强调了建设生态文明对人类发展的重大意义和价值。中国共产党在对未来进行发展规划中，将生态文明的观点提高到了与经济文明、政治文明、精神文明相同的高度，这是给予生态文明的极大重视。在中华民族的未来发展进程中，要始终坚持走生产发展、生活富裕、生态良好的文明发展道路，这样才能顺利实现中华民族伟大"中国梦"。应当明确的是，在我国生态文明的建设中，必须要始终坚持中国共产党的领导，不断开拓生态文明建设的道路，这是实现中国社会可持续发展的关键所在。

（二）坚持与"四个建设"协调发展

我国在经历了多年生态文明建设实践之后，取得了一定的成果，其中一个重要表现就是，生态文明的地位被提高到了与物质文明、精神文明、政治文明相等的地位，成为我国全面建成小康社会的一项重要内容。将生态文明的位置提高到如此重要的高度，主要是由几下几点原因造成的：

第一，我国想要实现的全面的发展，如果只是实现了物质文明，而忽视了其他方面文明的发展，那么物质文明的发展道路最后也不会长久。相同的，如果只是重视对精神文明或是政治文明的发展，那么社会的物质基础必然会处于匮乏的状态，人们的基本生活不能得到满足。在社会的发展过程中，如果忽视了对生态文明的发展，只是突出了物质文明、精神文明、政治文明的地位，那么这种发展模式只能被看作是一种落后的发展形态，在没有良好的生态环境作为保障的前提下，其他文明形式的出现都只能是暂时的，最终都会走向衰败。在未来的发展中，如果不重视对生态文明的建设，长此以往，人类的发展会面临严重的危机，在未来的某一天，以往所获得的文明成果必然会走向坍塌，人类会再次陷入最基本的生存危机之中。从这里我们就可以看出，这四种文明建设必须是协调统一的关系，四者相互依存，缺一不可。

第二，人类是文明的缔造者，是不同方面文明建设的主体。因此，对生态文明的建设必须要同人类的生产和生活联系起来，无论是在制定法律体系、传播思想意识还是在养成生活方式和具体的行为实践中，都必须要将生态文明的意识全面融入其中，将生态文明的观念内化为人类应有的思想和意识。

从上述中我们可以看出，我国对于生态文明的建设并不是一时兴起，而是长久的发展目标，是在现实需求的基础上提出的。未来在推进全面建设小康社会的伟大事业中，要在全面推进物质文明、政治文明、精神文明和生态文明的协调发展中谋求生态文明的发展，谋求五个文明共同发展。

（三）坚持依靠广大人民的力量

从历史唯物主义的观点来看，在整个历史的发展进程中，人类在其中起到了重要的作用，人类是历史的创造者，并在不断推动历史的向前发展。我们在长期的生态文明建设中，能够取得一定的成就，其关键就是人类始终在发挥着自己的聪明才智和主观能动性以及人们对于国家政策的切实拥护和积极执行。为了确保生态文明的实现，必须也要在全社会范围内，积极推广爱护环境和保护环境的观点，倡导文明健康的生活观，将其作为未来生活追求的目标，并为该目标的实现做出自己的努力。面对自然，要树立起正确的观念，要建立人与自然和谐相处的观念，这样才能确保可持续发展的实现。在人们的日常生活中，要将这种观点作为行动的指导，对自身的行为活动进行约束，自发的对环境进行保护，并对社会上的一些污染环境、破坏生态的行为进行监督。面对生活，要建立起正确的消费观，形成一种绿色、健康的消费新主张。

第四节　建设生态美丽中国的经验借鉴

对于很多发达国家来说，其在生态环境方面通常走的都是"先污染后治理"的路线，在经历了这个阶段之后，才成为现在的环保先进国家，并依靠自身强大的经济实力和科学技术手段，在国内建立齐了完备的环保体系。我国在建设生态文明的过程中，可以借鉴这些国家的成功经验，减少我国在生态治理方面遇到的困难。

一、欧洲的环保壁垒型生态发展道路

（一）工业革命引发的生态危机

英国在 18 世纪时，爆发了一场大规模的技术革命，这是世界发展史上的一次历史性巨变。在第一次科技革命之后，大量的机器被制造出来，手工作坊开始逐渐被机器生产所替代，如纺纱机、蒸汽机等。自此，人类开始进入到机器化大生产时代，生产力得到大大提高，在全社会范围内，手工劳动都开始逐渐被机器所取代。该次科技革命的爆发，不仅仅是一场技术革命，更是一场深刻的社会变革。由于该次科技革命导致社会关系发生了变革，因此又被称为是第一次工业革命或是产业革命。英国是第一个开始工业革命的国家，同时也是第一个完成工业革命的国家，因此也是国内环境最早出现污染的国家，并且也是环境污染最为严重的国家。进入到 18 世纪下半叶之后，在很多其他的国家也开始相继出现工业革命，包括比利时、法国、德国等国家，它们的工业化进程得到了快速推进。相应的，在这些国家的工业化进程不断推进的过程中，其国内的经济实现了快速增长的同时，不可避免的，其国内的生态环境也遭到了严重的破坏。

随着工业废弃物的大量排放，造成国内很多植物开始枯死，大量动物食用有毒物质而中毒死亡，甚至还出现了部分生物灭绝的情况，这些严重的环境问题的出现，使得当时的国家出现了严重的生态危机，对人类的身体健康也造成了严重的威胁。随着环境问题的爆发，动植物和人类的健康也受到了很大的影响，在这些情况被大量曝光之后，政府和民众开始认识到环境保护的重要性，因此开始制定一系列的措施来加强污染治理。

（二）构筑环境壁垒

随着欧洲经济一体化程度的进一步加深，欧盟区域内的贸易额实现了大幅增长，随之对于区域外的贸易数量却逐渐降低。为了保障欧盟各成员国的利益，欧盟以保护区域内的生态环境和人类健康为借口，制定并出台了一系列的环境壁垒政策，构建起了坚固的贸易保护壁垒。例如，在 2006 年，欧盟制定并颁布了《EC1881／2006 号条例》，针对各类农产品和食品的质量要求，进行了详细的规定，包括水产品、动物产品、蔬菜、水果、粮食制品、罐头食品、酒类、调味品等，并且在监管方面更为严格，力度也更大。此外，欧盟制定的《REACH 法规》，在 2007年 6 月 1 日正式生效，该法规主要是对进口的化学品以及在欧洲境内生产的化学品进行了详细的规定，需要通过一系列的注册、评估、授权和限制等程序对化学品的成分进行仔细的识别，避免对当地的环境和人类的健康安全造成影响，保护当地的生态安全。

当前，从欧盟区域来看，其解决环境问题，保护自然生态的一项重要手段，就是制定严格的环境壁垒。从一定程度上来看，这些环境贸易壁垒的制定和颁布，对于欧盟成员国生态环境的保护起到了一定程度的作用，并且对于提高发展中国家的环保生产水平也起到了重要的推动作用。

二、美国的环保政治型、环保外交型生态发展道路

（一）开展公众环保运动，政府出台控制型环保政策

美国在西进运动和工业革命完成之后，国内的生态环境遭到了严重的污染和破坏。在美国西部，大片的森林、草原遭到毁灭式破坏，土地板结和沙化严重，无论是人们的生活还是健康状况，都受到了严重的影响。美国政府和民众逐渐认识到了当地资源的稀缺限制了经济的进一步发展，并且也看到了环境污染所造成的严重后果，因此针对环境保护问题先后进行了三次环保运动。这三次环保运动的实行，唤醒了人们的环保意识，并推动了美国多项环保政策的制定和出台，对美国环保事业的发展也起到了重要的拉动作用。

为保护当地的环境，从法律制度方面来看，美国所实行的是控制型环境保护政策。在富兰克林·罗斯福担任美国总统期间，其制定了包括《土地保护法》、《土壤保护制度》、《全国森林制度》在内的一系列环境法律制度，这在美国第二次环境保护运动中，起到了重要的保障作用。

进入到 20 世纪 60 年代后期和 20 世纪 70 年代初期，美国的行政、立法、司法三大部门，针对环境问题又制定了一系列的强硬政策。从行政方面来看，尼克松在 1969 年就任美国总统之后，对行政机构进行了改组，设立了专门行使环保职能的部门，即国家环境保护局，其他的部门则需要对环保事业从旁进行协助。从司法方面来看，对行政行为的监督、审查力度更为加强，并且还加强了对环境法的司法解释，对那些因环境污染而受到影响的人给与相应的法律救助。

在通过了多次环境保护运动，并制定并实施控制型环保政策之后，美国的环境状况得到了一定程度的恢复，生态系统得到改善。

（二）践行环保政策，运用市场环保机制

美国的环保事业，取得了重大进展是在 20 世纪 70 年代，出现这种结果的一

个重要原因是，美国制定并颁布了多项环保政策，在很长的一段时间内都得到了国内的支持和良好的贯彻实施。但是，在这一时期，为了改善国内环境，美国政府支付了巨额的投资，并且限制了多项经济产业的发展，因此在这一时期，美国的经济发展情况受到了一定程度的影响。据统计，在这一时期，美国用于环保事业的支出，占到了国民生产总值的 1%~2%。经济学家研究表示，由于在这一时期用于环境治理的费用过于庞大，因此，从一定程度上说，美国多项环保政策的制定并实施，实际上对国内经济的增长起到了一定的限制作用。因此，美国在进入到 80 年代之后，所制定的指令管制型环保政策开始逐渐向市场环保机制型转变，并且在经过里根、布什和克林顿三位总统的不懈努力之后，市场环保机制类型的环保政策得到了更为广泛的运用。

到了 20 世纪 90 年代，美国又制定了一项新的以市场为导向的环保政策，这就是绿色税收政策。据统计，美国在 1995 年各州制定的环保税收条款就达到了250 多条。这些环保税收大体可以分为两类：第一，征税对象为产生有害化学物质，并且对环境造成污染的各项企业；第二，对那些购买污染控制设备，或是实行清洁技术开发的企业，在税收上实行优惠政策。实践证明，美国所实行的市场环保机制效用极为明显，很多企业为了改变在环保上与政府相对立的局面，因此开始大力发展环保技术，采用最新的环保工艺，以此来减少企业生产对环境的污染问题，降低企业成本，提高企业的收益。

(三) 发展环保产业，转嫁环境成本

美国治理环境问题的过程中，在以治为主的阶段过后，生态环境得到了很大程度的改善。在未来经济发展的过程中，为了避免环境再次遭到破坏，因此在实行市场环保机制的前提下，开始鼓励国内企业实行清洁生产，大力发展环保产业，并且开始将那些高污染、高能耗的产业转移到发展中国家，将经济发展带来的环境问题转移到其他的国家，以此来改善国内的环境。

实际上，美国在很早以前就开始着手将高污染、高能耗的产业转移到发展中国家。例如，在 20 世纪 60 年代，美国那些高污染、高能耗的产业，已经有 39%

被转移到了别的国家。到了 70 年代，美国开始大力发展环保产业，并且同时也加快了将环境成本转移到其他国家的脚步。美国的电子产业极为发达，它是世界上最大的电子产品生产国，并且也是最大的电子产品消费国。实际上，电子产品的生产也会对环境造成很大的污染，为了转移环境成本，美国背离了《巴塞尔公约》的相关规定，将危险度数极高的电子垃圾开始向一些亚洲国家进行转移，其中向印度、中国和巴基斯坦等国家转移了美国该类电子垃圾的 80%，对这些国家的环境造成了严重的污染。

在这一时期，通过大力发展环保产业，以及对环境成本进行转嫁等手段，美国的环境质量在这一阶段有所提高，生态环境得到良好改善。

三、日本的环保产业型生态发展道路

（一）采取强制手段，制止污染发生

为了改善日本的环境问题，1971 年专门成立了环境厅，保护环境和防治污染是其主要职责。日本环境厅的职责包括：制定和实施环保政策、规划、法规；对与环保相关的各部门的关系进行协调；对各省市地方政府所进行的工作进行协调和监督；每年都需要制定并发表一本《环境白皮书》，以此来对本国的环境保护工作进行规范和指导。其中，通常由国务大臣来担任日本环境厅的厅长，可以直接参与到内阁决议之中。对于各个地方的环境局来说，在实际进行环境保护工作的过程中，需要遵循中央政策的指导，依据环境厅所制定的公害对策和环境标准，针对地方上的环境保护政策，要制定出更为严格的地方标准，以此来对地方内的企业进行严格的管理和控制。在这一系列的部门设定完成之后，从中央到地方上，相对完善的环境管理体制就基本形成了。

此外，针对环境保护问题，日本还制定了严格的法律政策，确保环境保护政策的实行。在这些法律规章中，设定有多项量化的指标和标准，根据该标准来对企业是否违反环境保护法来进行判断。经过一段时间的实践和演变，法律法规中所制定的环境标准被进行了多次修改，以此来适应时代和社会的发展。与其他国家制定的环境相关法律相比，日本所制定的标准较为严格，并且针对那些会造成环境污染的企业，所制定的环境标准会较高。需要注意的是，由日本的中央政府所制定的环境标准必须要在全国范围内通用，但是对于地方政府或是团体来说，其还可以在通用环境标准的基础上，制定适合本地的区域性标准。通常情况下，本区域所制定的环境标准要比国家标准要更为严格。

（二）全民环保教育

与世界上的其他国家相比较，日本所发生的公害事件的频率是较高的。日本的民众受到了公害事件的很大影响，因此开始成为环境保护、抵制污染的倡导者，伴随而来的就是民族初级环保意识的觉醒。在这一时期，日本民众中所进行的环保教育是一种被动的事实教育，并且随着日本环境教育在全国范围内的广泛实施，因此日本全民的环保意识也逐渐增强。

为了保护日本民众的身心健康，日本的学者和教师开始自发成立了多种民间组织，以此来对广大民众进行公害教育，并对相关的环保知识进行宣传。在这种公害教育的大力推广下，受公害影响的受害者的环保意识开始逐渐觉醒，并开始主导了一系列的抵制污染，要求治理环境的多种环保运动。随着环保运动的声势逐渐提高，民众的环保知识和环保意识又得到了进一步的增强。

从日本政府的角度来说，其对国内的环保教育也极为重视。在 1965 年，日本就出台了《学习指导要领》，其目的是要求学校推行环保教育，根据学生年龄和成长阶段的不容，来为他们讲解不同的环境教育内容和方法。到了 1970 年，在第 64 届国会特别会议上，文部省决定将公害教育的内容加入到中小学的教学内容当中。在此次会议之后，针对会议的主要内容，修正了中小学教学大纲《学习指导要领》内容，要求学生必须要树立起防止公害问题是公民应尽的义务和责任的意识和观念。进入到 21 世纪之后，日本所遭受的生活型污染变得较为严重，这些污染问题包括汽车尾气排放对大气产生污染、家庭生活污水对水源造成污染等，民众成为污染的主体，并且也承担着污染的危害。在这一时期，日本的环保教育内容就变得更为广泛，将广义的环保教育也囊括其中。

除去政府和学校之外，日本的企业和家庭也对环保问题极为重视。2005 年，日本开展了声势浩大的夏季"清凉装"和冬季"温暖装"活动。从日本政府方面来看，鼓励公众购买微型车，会制定相应的优惠政策，减少大气污染问题的产生。而从日本家庭的角度来看，自觉对日常的垃圾进行分类，并且注重对孩子的环保教育，从小就教授孩子如何对垃圾进行分类，以此来减少垃圾的分类成本，便于垃圾回收处理的进行。

第四章　中国特色生态文明理论体系

习近平总书记指出："宣传阐释中国特色，要讲清楚每个国家和民族的历史传统、文化积淀、基本国情不同，其发展道路必然有着自己的特色。"有中国特色的社会主义生态文明是在中国共产党几代领导集体领导下，中国人民长期探索的成果。在进行中国现代化建设的过程中，中国人民逐渐认识到建设生态文明是我国特殊国情的必然选择，是构建社会主义和谐社会的需要，也是建设环境友好型社会的必然选择。

第一节　资源节约型、环境友好型社会建设的
生态主题性

建设资源节约型和环境友好型的"两型社会"是在党的十六届五中全会上确定的，作为我国 21 世纪社会发展重要的目标，"两型社会"理念成为生态文明建设的基本依据之一。生态文明是我国社会主义事业发展与建设的重要组成部分，资源节约型与环境友好型社会成为我国现阶段最为紧要的发展目标之一。美丽中国必然是节约发展工业，在保证自然环境基础上实现经济的进步。

一、"两型社会"的提出、实质、内涵及特征

（一）"两型社会"的提出

资源节约型社会和环境友好型社会并不是我国的独创，最早也并不是我国提出的，对环境友好的定义最早可以追溯得到 1992 年，当时联合国环境与发展会议通过的《21 世纪议程》对"环境友好"这一词语进行了描述。2004 年，日本政府颁布了《环境保护白皮书》，在这份文件中日本政府也就环境友好这一发展概念进

行了描述与分析。我国在 21 世纪发展规划中，将"两型社会"的建设作为社会与经济发展的双重战略目标，在世界范围内时间很早。

1992 年，中国科学院南京地理与湖泊研究所周立三院士就提出了"建设节约型社会"的基本理念，并对这一理念进行了深入的分析与研究。周院士在《开源与节约》2 号国情报告中指出："节地、节水为中心的集约化农业生产体系，节能、节材为中心的节约型工业生产体系，节约运力为中心的节约型综合运输体系，适度消费、勤俭节约为特征的生活服务体系。"周院士的描述对节约型社会进行了全面的概括，同时也对节约型社会的建设提出了宝贵意见，构建起了我国节约型社会发展体系的框架。

(二)"两型社会"的实质

建设"两型社会"的目的是促进人与自然的和谐发展。人与自然的和谐发展是有很多子系统构成的，比如人与资源的和谐发展，人与生态的和谐发展，人与环境的和谐发展等。"两型社会"的建设从本质上来说，是对"以人为本"思想的贯彻，与我国社会发展的基本理念相一致。人作为自然界中的一份子，只有保护好自然环境与自然生态才能保证人类文明的延续与进步。

当今世界，生态环境问题与自然环境危机正在引发一系列的社会问题，包括社会经济的发展问题，以资源和环境的恶化来获取一时的经济效益，是对社会和人类文明发展的不负责任。在我国经济的负面环境效应逐渐显示出来之后，党和国家领导人对此高度重视，开始对我国的经济发展模式和经济结构进行调整。沙尘暴已成为我国最为严重的生态环境问题之一，它警示我们发展观的生态型和科学性一定要得到有效的保障，否则将会造成严重的后果。2003 年在十六届三中全会上，党和国家领导人提出了 "坚持以人为本，树立全面、协调、可持续的科学发展观，促进经济社会和人的全面发展"的伟大战略构想，这一构想在党的第十七次代表大会上得到进一步的明确。

"科学发展观，第一要义是发展，核心是以人为本，基本要求是全面协调可持续，根本方法是统筹兼顾。"这一认识凝聚着人类社会与经济发展的深刻认识，是人类在付出巨大的环境代价下总结出来的经营。"两型社会"在我国的确立，说明我国对生态环境问题的重视，也表明了我国避免走发达国家先污染后治理老路的态度，中国经济与社会将向着"生产发展、生活富裕、生态良好"的科学发展之路。

"两型社会"建设的出发点和落脚点是"人"，因此在建设资源节约型、生态友好型社会的过程中，必须坚持以人文本的思想，将广大人民群众的生态诉求和发展利益放在第一位。建设"两型社会"生态环境的保护是整个工作的切入点，我们必须牢牢把握经济发展的生态效益，以生态环境建设带动生态经济，提升我国经济的发展质量。

"两型社会"建设符合广大人民群众的核心利益，在统一认识的前提下对不同主体之间的利益关系进行调整，是保证"两型社会"建设的重要手段。"两型社会"对生态效益的要求很高，在经济发展的过程中一些小企业可能会因为环保政策面临发展困境甚至倒闭，这种牺牲难以避免，企业要意识到自己身上的使命感与责任感，积极维护国家建设生态文明社会的政策与决心。在建设"两型社会"的过程中，要注重发展的均衡性与合理性，西部地区经济发展相对落后且生态环境脆弱，在发展经济、保护环境的过程中，国家要给予必要的政策支持和资金支持，保证西部地区的发展利益。

(三)"两型社会"的内涵

改革开放以来，我国经济快速发展，取得了辉煌的成就。从经济发展的成果来看，我国经济的发展极大地提高了我国人民的生活水平；从生态环境角度来说，粗放的经济发展模式使得我国的自然资源和生态环境遭到了严重的破坏，经济发展的代价不可谓不大。我国人口众多且经济规模庞大，如果不尽快转变发展模式，生态环境将持续遭到破坏，社会与经济的发展将会遭遇严重的阻碍。从目前我国的经济发展状况来看，国家为了遏制不断加剧恶化的环境，促进经济的稳定、持续发展，已通过强有力的宏观调控手段对经济发展的速度进行调节，我国经济正在逐步实现与自然环境的协调发展。

(四)"两型社会"的特征

1. 协调性

倡导"两型社会"建设的主要目的是保证经济发展的生态效益,为我国社会的可持续发展提供可靠的保障。在建设"两型社会"的过程中,要充分尊重自然规律与生态规律,积极探索经济与生态自然环境协调发展的新型发展道路。"两型社会"的建设不仅指人与自然的和谐,还包括人与社会以及人与人之间的和谐,只有对经济效益与生态效益进行合理的分配,才能万众一心建设社会主义生态文明。

2. 整体性

环境保护问题,既包括自然问题也包括社会问题。自然问题是指当前生态环境的基本状况,如生态环境的自我修复能力、生态环境的总体水平等;社会问题是指经济发展对自然环境与自然规律的尊重,比如经济发展对环境的影响大小,社会成员的生态保护意识等。我们这里所说的整体性是指,在经济与社会发展的过程中,要将自然问题与社会问题结合起来,不能只注重其中的某一个方面。自然环境的承受能力和当前生态环境现状的是制定各种经济发展环境规划的基础,对自然的开发与利用不能超过其自身的修复能力,同时也不能完全不利用自然资源,要从整体的人类发展的总体效益出发,对二者进行平衡,既要保证自然环境发展的可持续性,也要保证经济的发展。

3. 复杂性

"两型社会"的整体性特征使得我们对"两型社会"的认识处于一个相对复杂的境地。从效果上来说,既要保证自然环境的可持续发展,又要保证经济的稳步增长,是一个充满矛盾的抉择,二者利益的兼顾使得政策的制定与执行颇为复杂。从主体上来说,如果"两型社会"没有影响到自身的利益,那么人们都会坚决支持"两型社会"的建设,但如果涉及自身的利益,企业主体、个人主体、社会主体对"两型社会"的认识与态度可能会发展变化,因为总有一小部分人的利益会被影响。"两型社会"的建设从人类社会发展的价值高度出发,但内部矛盾会对其发展造成一定的影响。

4．创新性

"两型社会"要淘汰传统的老旧生产模式与生产门类，建立起清洁生产的绿色中国。在建设两型社会的过程中，要尊重创新、重视创新，以创新来解决生态环境保护与经济发展之间的矛盾与不协调，从而保证我国社会的健康发展。

"两型社会"的特性决定了在经济发展的过程中会得到人们的支持，因为以自然环境的保护作为基础的发展符合人们发展的长期利益。

二、"两型社会"的生态建设主题性

（一）中国特色生态文明建设包含"两型社会"的要求

生态文明是人类发展以来，一种不同于认识自然到征服自然的发展模式，它既不主张消极的进行经济发展来保护环境，也不主张过度保护环境牺牲经济发展利益。它将自然规律以及人类社会的发展规律作为自己的基本理论支撑，能够引导人们向着经济效益、生态效益兼顾的方向不断前进，彻底改变人类的发展方式与发展理念。

在发展生态文明，建设"两型社会"的过程当中，要特别注意三个方面的问题：

一是保持索取与回馈的平衡性。人类的生活和发展都是在自然环境中进行的，失去自然环境为人类提供的资源人类无法生存下去，比如空气、水源、土地、矿产、生物资源等。人类为了自身的生存与发展从自然界获取各种资源，但在向自然索取的过程重要保证自然资源的可持续利用，不能破坏自然界的资源平衡。人类作为生存在自然界的生物，要充分尊重自然规律，否则人类将会为自己的行为付出代价。

二是自觉自律的生活方式。生态文明的核心思想是人与自然和谐相处，这种和谐与共存，需要人类以高度的自觉性去遵循自然规律，以高度的自律保护生态环境。经济与生态的良性互动是生态文明建设的基本目标，经济发展模式的合理化以及经济效益与生态效益的和谐才能保证生态文明目标的实现。人类的知识与科技已经发展到一个相当高的阶段，依靠知识与技术减少经济发展的资源消耗、能源消耗，对工业污染进行综合化处理，减少对自然环境的影响都是实现生态文明的重要手段。

三是人类与自然和谐发展。人与自然之间能够和谐相处的基础是人类认识到自然环境对于人类的意义，认识到稳定的自然环境对人类发展的促进与保障作用。人与自然之间的和谐需要人与人之间的和谐以及人与社会之间的和谐进行保障，如果人与人之间，人与社会之间的关系和谐，那么就能够在自然环境的保护中采取更加积极的措施，提高自然环境保护的效果。人类在发展过程中，曾经弃自然环境于不顾，结果对人类的生存与发展造成了严重的影响，尤其是工业革命之后的资本主义国家已经承受了很多自然环境恶化带来的恶果。

(二)"两型社会"与中国特色生态文明内涵的一致性

资源节约型社会把整个社会经济建立高效率的生产与资源利用之上。在产品原材料供应、生产加工以及仓储运输的过程中通过管理模式的变革和新技术手段的应用，来减少各个环节的资源浪费，从而保证社会发展的经济效益与生态效益，提升人类文明的发展质量。

环境友好型社会对人与自然环境之间的关系最为关注。和谐是环境友好型社会建设的基本指导思想。人与自然环境的和谐主要是指：人类的发展经济，提升自己生活质量的时候要充分考虑自然环境的承载能力，在确保自然环境不被破坏的基础上，追求经济效益的最大化。

无论是"资源节约型"还是"环境友好型"社会，都需要人们深刻地认识到自然环境的重要作用，树立人与自然和谐相处的观念，并在生活中自觉的保护生态环境。

生态文明主要是以人与自然、人与人、人与社会之间的和谐为目标的一种伦理形态，要求我们要尊重自然界发展的基本规律与人类社会发展的基本规律，调整好生态环境保护与人类文明进步之间的关系。"两型社会"的建设，作为生态文明建设的重要内容，是我们必须坚持的一个发展思路。

(三)"两型社会"与中国特色生态文明目标的一致性

"两型社会"作为生态文明建设的重要组成部分，其最终目标是实现经济与环境的协调发展。"两型社会"是人类文明发展至今对更高发展模式的一种探索，它通过调节人类文明发展的节奏，将其与自然环境的保护结合在一起，二者良性互动，为人类社会的可持续发展提供了坚实的保证。

大量生产——大量消费——大量废弃，这一模式是典型的传统经济模式，该模式对自然环境的危害十分严重，并且对人类自身的发展也造成了很大的威胁。在未来的发展中，我们必须舍弃这种浪费巨大、污染巨大的发展模式，通过经济结构调整、环保技术应用、生产模式改进等多种手段，建立一种新的发展模式来延长人类文明的发展。新发展模式的建立，首先需要从思想上进行改变，也就是树立人与自然和谐相处的发展理念，其次需要对经济进行调整，利用日益进步的科学技术保证经济发展的效率。

三、生态文明理论体系与"两型社会"主题

(一)"两型社会"是生态文明理论体系的本质特征

生态文明不是对工业文明和农业文明的否定，而是对工业文明和农业文明的发展，是人类文明发展的新阶段。生态文明与农业文明、工业文明之间有着极为紧密的联系，首先工业文明和农业文明的发展为生态文明的出现和实施提供了丰富的物质基础，农业文明时代"天人合一"的思想为生态文明的出现奠定思想基础，可以说前两种文明形态为生态文明的出现奠定了基础，其次生态文明不同于工业文明与农业文明，虽然从浅层来看生态文明对生态效益的追求与农业文明时代的实际效果可能有很多相似之处，但生态文明在生产力发展水平以及对自然与人类社会的认知是分不开的。建设"两型社会"，实质上就是摒弃旧的文明发展形态，追求人类更先进发展模式的一种尝试，可以说"两型社会"是人类文明发展智慧的成果，指明了人类未来文明的发展方向。

(二)"两型社会"表现出了生态文明理论体系的具体要求

生态文明理论体系的形成主是多种要素相互作用的结果，比如现实国情、经济发展状况、生态环境状况等。对于国家的发展与进步来说，经济的发展无疑代

表了国家建设的取得成绩，但从人类发展的角度来说对环境的破坏则代表着人类文明未来的发展阻碍。在未来的发展中，我们不能只顾眼前的利益，对长远的发展不闻不问，要改变传统的发展思路，在追求人类文明进步的同时注重自然环境的保护。

（三）"两型社会"是生态文明理论体系的重要实现形式

从生态文明建设理论的核心命题——处理好两大关系。这里所说的两大关系主要是指，人与自然之间的关系以及人与人之间的关系，对于这两个问题我们要全面的认识与理解。

1．从人与自然的角度上看

"两型社会"建设必须保证人类社会发展的不断进步，同业也要兼顾自然环境，保证经济发展与环境保护之间的和谐关系，实现二者的共赢互利。在思考这一问题的时候我们需要弄清三个问题，第一个问题是"两型社会"需要什么样的经济发展模式，第二个问题"两型社会"建设需要什么程度的环境保护，第三个问题是怎样找到经济发展与环境保护的平衡点。这三个问题囊括了"两型社会"建设的核心追求，第一个问题引导我们对人类当前的发展模式进行思考，第二个问题引导我们对自然环境保护的力度进行把握，第三个引导我们如何实现"两型社会"。

2．从人与人的关系上看

"两型社会"的建设必须坚持人与人之间的和谐，这是保证"两型社会"能够实现的基本要素。人是建设"两型社会"的基本力量，只有思想统一、行动统一，才能最大程度保证各项措施得到有效的施行，"两型社会"的建设也才能最终实现。

（四）加强"两型社会"的建设是生态文明理论体系的主要途径

随着现在社会的发展和当前国情的变化，对资源的节约和对自然环境的保护应该作为一项稳定的国家政策执行下去，这也是关系"两型社会"能否最终实现的重要保障。"两型社会"的建设意味着我国传统的经济发展模式开始转变，经济发展的速度不再是经济发展追求的主要目标，这样的变化说明我国经济的发展质量也在发生着悄然的改变。生态文明作为我国社会发展的基本追求之一，与我国的经济发展有着密切的联系，在生态文明思想的影响之下我国的经济结构、经济发展模式逐渐开始变化。随着环境保护观念的逐渐深入，加快"两型社会"社会建设成为我国社会发展的重要目标之一，极大地推动了我国生态文明的发展与进步。

第二节 中国特色生态文明理论体系的主要内容

在有中国特色的社会主义建设过程当中，我们要坚定不移地坚持生态文明建设的基本思路，不断提高我国经济与社会发展的生态效益。生态文明建设关系到我国人民群众生活质量的提升，对于中华民族的延续也有十分重要的作用，在未来的发展重要注重经济发展的综合效益，确保我国经济与社会发展的可持续性。

一、有中国特色的社会主义生态精神文明

精神文明是人类在长期的历史实践中所取得的各种精神成就的综合体，在人类社会发展的过程当中这种精神成果最为突出的作用是促进了人类道德认识的发展以及智力水平的提升。

社会主义精神文明是在马克思主义思想之下形成的一种精神成果，它以社会主义建设和发展的实践为基础，为社会主义进一步的发展和进步提供了可靠的思想指导。社会主义精神文明建设蕴含在社会主义建设的各个方面，比如政治、经济、文化等不同领域对于精神文明的追求。

从理论层面上看，有中国特色的社会主义生态精神文明建设着眼于社会文化、发展思想等问题，目的是解决经济发展与自然环境保护之间存在的矛盾性问题，实现经济发展与自然环境的和谐。中国特色社会主义生态文明建设作为中国特色社会主义建设的组成部分，无论在思想指引上还是在具体问题的解决上，都发挥

着不可替代的作用。

第一，树立生态文明价值理念。从哲学上来说，物质决定意识，而意识对物质具有反作用。从这个角度来说，要想改变当前生态环境现状，必须从人们的思想入手才能促进问题得到根本性的解决。物质生活是人们在社会发展与文明进步的过程中，永恒追求的一个主题，但随着人类认识水平的不断提升，一些思想先进的人已经开始意识到单纯的物质追求而忽视自然环境的做法对人类的发展与进步有很大的阻碍。在未来的发展中要树立生态文明理念，将对物质资源的追求与对自然环境的保护联系在一起，从而促进人类的可持续发展。

第二，加强生态文明教育培训，促使人们思想观念的转变。在树立生态文明理念的过程中，要着重对人们两个方面的意识进行培养，即生态价值观与社会道德观。生态文明观主张将人类的价值追求从物质层面拓展到自然环境的保护，将人类的人文道德关怀拓展到自然领域。在人类发展的过程中，我们应该将自然作为人类发展的伙伴，重新审视物质追求与环境保护之间的关系，将人类发展的生态效益作为经济发展质量道德重要指标确定下来。

第三，构建生态文明传播体系，将生态文明融入精神文明建设。生态文明理念的教育与传播目的是在全社会推广与树立深入人心的生态文明价值观念，引导人们通过对自己行为的规范与对他人行为的监督以确保人类行为对自然环境的影响降低到最小。我们知道精神文明建设在我国已经开展了很长时间，在精神文明建设的实践中，要融入生态文明理念，加快生态文明观念的传播，促成我国新型生态观念的形成。

第四，养成生态文明生活方式，推进消费和生产的可持续性。从消费者的角度上来说，人们消费行为的自觉性需要依靠生态文明意识的引导与警示，这是保证低碳消费、合理消费的作用精神支撑。由于人类物质生产与加工能力的不断提升，人类能够从市场买到各种各样的商品，在消费的过程中我们应该充分考虑消费的生态效益，选择生态污染小的产品进行购买，减少对自然环境的影响。由于物质生活的充盈，人们对生活物品的使用相对随意，一旦商品发生损坏或者变旧会马上被淘汰，这对自然环境造成了一定的影响。因此，在生态文明理念的指引下，我们应该更加珍惜商品的使用寿命，这样做首先可以避免大量淘汰工业品对自然环境的污染与破坏，其次可以减少因为生产新物品带来的自然资源的消耗与浪费。

二、有中国特色的社会主义生态物质文明

物质文明建设的主要目的是解决人类在发展过程中的物质供给问题以及保证物质生活质量。从哲学角度来看，物质文明的发展主要是生产力的发展所带动的，因此物质文明与生产力的发展有着极为密切的关系。

物质层面的生态文明建设也是生态文明建设的一个重要内容，因为生态文明的建设不仅需要人们精神上的认同与实践行动中的支持，还必须依赖一定的物质条件和物质基础才能实现。

(一) 加大对环境保护科技手段的投入和研发

现阶段，人类物质文明发展的很多成果被应用于环境保护当中，尤其是科技成果在生态环境中的引用，为改善我国生态环境质量，减少生态环境破坏做出了重要的贡献。比如在农业发展领域，在现在农业技术的帮助下，无公害农产品种植的种类不断丰富，无公害农产品的出现不仅缓解了农业生产对自然环境的破坏，同时也为我们提供了更加安全的农作物产品。从无公害农产品的种植中我们可以看到，人类在未来的发展过程必须加强对科学技术的投入，利用科技改造传统行业，减少这些行业对环境的污染与破坏，同时提升人类社会物质供应的质量。空气与环境污染是当前我国面临的重要环境问题，比如我国北方地区冬季出现的雾霾。煤炭燃烧对大气环境有很大的污染，逐渐控制并减少煤炭的使用量是保护我国大气环境的重要措施。在这个过程中，各地政府和环境保护部门要通力合作，在满足工业、生活基本煤炭的需求的基础上，控制煤炭的供应量与使用量，减少对大气环境的污染。煤炭是我国的主要能源物质，同时煤炭燃烧产生的固体颗粒物也是形成雾霾的主要成分。由于煤炭的主能源地位很难被其他能源替代，短时间内大幅减少煤炭的使用量难以实现，因此提高煤炭的燃烧效率与清洁性是我们

当前要做的主要工作。煤炭化工对水资源和大气环境的污染十分严重，大量的颗粒物废弃物排放使得空气质量严重降低。煤炭化工工业在工业原材料生产领域具有重要的意义，在未来煤炭化工工业的发展重要加大环保投入，建立配套废弃物处理系统，并积极研发新材料，代替煤炭化工工业产品，引导工业原材料生产领域朝着环保、高效的方向发展。

（二）建设一批生态主题公园和自然保护区

自从人类出现之后，随着人类物质文明的发展，人类的足迹到达了世界上各种极端区域，人类的生活环境也拓展到更广的领域。在人类的生活与生产的干扰下，一些生态环境比较脆弱的地区，很多动物资源与植物资源受到了严重的破坏，生物多样性难以维持，很多动植物濒临灭绝。如果我们人类在自身的发展过程中，对其他的物种不进行保护，这些生物迟早会从地球上消失，地球的生态资源将逐步流失，最终威胁到人类的生存。为了更好地保护这些生物资源，人类可以在这些动植物生存的区域设立保护区或者主题公园，减少人类活动对这些区域的影响，维持自然界的生物多样性。人类作为自然界的一份子，与其它生物一样都依赖自然界生存，人类作为进化完善的生物，应该对自然界其它的物种负责，不能为了自身的发展抢夺这些生物的生存空间与生存资源。

三、有中国特色的社会主义生态政治文明

政治文明是人类在长期的政治生活实践中逐步形成和不断完善，并且又作为一种精神力量不断促进人类社会的整体进步。

政治文明包括了两个方面的主要内容，第一个方面的内容是政治观念，第二个方面的内容是政治制度。政治观念体现在人们对政治问题的态度上，它是人们的政治价值观、政治信念等多种因素的综合体。政治制度主要表现在政府治理国家、维护统一的政治手段上。

生态政治文明是人们将生态价值观念引入政治文明之后产生的，它以政治观念和政治制度为基础保障，对生态文明的实现给予了强有力的保障，是一种推进生态文明建设的重要手段。生态政治文明与政治文明一样主要体现在两个方面：

第一个方面是生态政治观念，代表了生态文明与政治文明的结合；第二个方面是生态文明行为，代表了生态政治文明实现的现实保障。

中国特色社会生态政治文明，以中国当前的国情为主要依据，对人类发展的政治诉求与生态诉求进行了多元化的探索，综合文化观念、社会观念、经济观念、技术观念等构筑起了生态文明建设的制度保障。

在生态政治文明发展中我们应该注意以下几个问题：

第一，要处理好制度建设中眼前和长远利益。

长远利益和眼前利益的实现不仅要注重局部利益与整体利益的协调，还要在制度上保证经济与环境保护的效率与公平性，对各项具体政策进行合理的整合，为政治生态文明建设的利益协调创造最有利的条件。从我国目前的经济发展状况来看，城市经济是我国经济的主要部分，农村地区虽然人口众多但经济的发展规模与城市地区有较大的差距，在未来的发展过程中，要协调城乡经济的发展。城市地区高污染、高消耗的企业应该关停，农村地区具有天然优势的地区要应该优先发展绿色农业、生态农业、旅游农业。

第二，加强公民政治参与。

在社会主义制度下，广大人民群众是国家的主人，国家的各项政策必须体现广大人民群众的利益，公民也应该积极履行自己的政治权利，积极参与到政治活动当中，为政府的决策提供建议。生态问题与人民群众的基本利益息息相关，政府在制定经济发展政策的过程中，要充分听取人民群众的心声与意见，协调好经济发展与生态环境保护之间的利益。人民群众在生态环境保护中的政治参与，不仅可以为政府的决策提供好的建议，还可以有效监督政府的工作，政府工作的透明性得到人民群众的支持，对于环保政策的施行具有很强的保障作用。

第三，加强生态保护的法律建设。

生态文明建设不仅需要政策支持同时也需要法律的保障，生态文明建设与环境保护法律制度体系的完善是生态政治文明建设的重要组成部分。法律具有国家强制力保障执行，法律规定内容的遵守与实现能够得到最为强有力的保障。在经济发展过程中，以法律的形式对生态环境保护予以确认，能够很好地促进当前环境保护工作的开展，尤其是对于一些污染大的企业，法律规定使得他们不得不对自己的生产设备进行调整，最大程度的保证了各项措施的实现。

第三节　推动两型社会建设的路径探索

一、正确认识人与自然的关系

人是作为自然界的要素之一，人的生存依赖于自然环境，自然环境如果遭到破坏，人类的生存与发展也会遭到破坏。恩格斯曾经说："我们连同我们的肉、血和头脑都是属于自然界和存在于自然界之中的。"人类之所以能够在地球上产生、进化与发展都离不开自然环境。人类在长期的进化过程中，适应了自然环境，并通过自己的劳动对自然进行了一定程度的改造，使得人们能够在更为复杂的环境中生存。

(一) 要尊重和顺应自然规律，兼顾生态保护与经济发展

新中国成立后，党和中央领导人在百废待兴的社会主义建设中，做出了绿化祖国、根治大江大河等保护生态，平衡人与生态关系的措施，在全国人民的努力之下，新中国成立之初生态工程与生态建设发展迅速，为我国今后的生态环境保护工作积累了一定的经验。

然而，推动社会主义下现代化建设与发展的过程当中，经济建设与政治建设始终是我国社会主义建设的两个主要关注点，这使得我国社会主义建设出现了偏差。在这个过程中，人们对人与自然关系的认识出现了局限性，人定胜天的思想成为推动经济建设的重要思路，全国各地的生态环境出现了不同程度的破坏。人定胜天的思想是我国在极端困难的局面下，为发展经济与科技造成的，物质的极度匮乏与技术的落后，使得人们只能依靠顽强的精神与恶劣的自然环境进行搏斗。

多年的社会实践告诉我们，如果我们将经济的发展与自然对立起来。如果一

味地对从自然环境中索取资源，以征服者的态度对待自然环境，虽然能够换来经济一时发展，但是对自然环境的破坏会留下更为严重的问题，甚至威胁人们的生命健康与安全。从另一个角度来说，对自然持有足够的敬畏之心，按照客观规律和自然界的特点对合理的从自然环境中获取资源与发展物质，将经济发展与自然环境的保护结合到一起才能真正上提升经济的质量，保证经济发展的稳定性和可持续性。

关于人与自然之间的关系，以邓小平为核心的第二代中央领导集体有着更深刻的认识。1980 年 7 月，在四川峨眉山旅游区参观时，邓小平对途中遇到的四川林学院大学生说："大自然是不同寻常的课堂，也是一本永远读不完的书。"当邓小平看到一些森林被开垦出来种植玉米的时候，他很惋惜地说："这么好的风景区为什么用来种玉米，不种树？这会造成水土流失，人摔下来更不得了。不要种粮食，种树吧，种黄连也可以。" 1983 年 2 月，在考察浙江龙井和九溪风景区时，他也指出："水杉树好，既经济，又绿化环境，长粗了，还可以派用处，有推广价值。泡桐树也是一种经济林木，长得快，板料又好……你们一定要保护好西湖名胜，发展旅游业。"

可见，顺应自然，保护生态，与经济发展二者并不是相互矛盾的，二者之间存在的利益诉求的差异并不是不可以协调的。在经济发展的过程当中，经济发展与自然环境保护之间关系的处理一定要尊重自然规律，尊重自然环境本身的发展特点，然后对经济发展的模式与目标进行合理的调整，保证二者在根本利益上的一致性。1982 年 11 月，邓小平在参加中美能源环境会议中指出："在中国的西北地区，黄土高原存在了很长时间，几十万平方公里的土地因为环境破坏造成了严重的水土流失。中国政府为了保护当地的环境，计划对黄土高原进行改造，通过种草、种树来改变当地的生态环境，恢复黄土高原的植被用来放牧，能够改善当地人的生活，同时也可以保证当地生态环境的改善。"

邓小平关于正确处理人与自然关系的做法，对于我国生态文明理念的提出起到了非常重要的作用，他的一些做法也为生态文明社会建设积累了重要的经验。1981 年 3 月，中共中央、国务院发出《转发国家农委<关于积极发展农村多种经

营的报告>的通知》，在人与自然关系的处理当中要尊重自然界的客观规律，充分依靠广大人民群众，因地制宜对自然资源进行了合理的开发与利用，并结合市场经济的特点，促进农业经济的发展与繁荣。农业是一个综合性的产业部门，种植业、畜牧业、林业、渔业是农业生产的基本形式，农业发展对自然环境的保护与贯穿农业生产的各个领域，将生态环境保护思想落实到每一个细节。比如：在林区划定林业保护区与开发区，林业保护区之内的动植物资源要进行全方位的保护；林业开发区内可以凭借与保护区形似的自然环境开展特色产品的种植、养殖，对林区进行综合性的开发利用，将保护与开发结合起来。

1986 年 11 月制定的《中国自然保护纲要》，对于自然环境保护与经济发展之间的关系进行更为全面的界定，主要内容包括以下六点：

(1) 合理对自然环境与经济发展进行调节，二者之间要保持协调的关系，经济的发展为自然环境的保护提供物质支持，自然环境保护为经济发展带来更高的效益，实现二者发展效益的统一。

(2) 对自然资源的开发要尊重客观规律，对自然资源的利用要开发更多的途径，提高自然资源的利用效率。

(3) 在开发自然资源时，要依据调查的结果，对自然资源的类型、分布以及用途进行详细的分析与说明，然后根据开发需要与资源的特点进行综合性的资源开发活动，避免因一种资源的开发对其他资源造成的浪费。

(4) 自然资源开发利用，要从更加长远的角度来考虑利益与收益，这样既可以提升自然资源开发与利用的持续性，对经济发展的稳定与长远性也是一个有力的保障。

(5) 对自然资源进行开发与利用的单位与个人要具备开发资格，无论是在经济实力、技术实力上都能够实现对自然资源进行高效率的开发，减少各种浪费现象的产生。

(6) 对可更新资源，要建立科学合理的开发制度，对其开发周期与开发程度进行规定，保证资源能够开采之后在规划的时间之内再生，在实现长远经济效益的同时保护自然资源。

（二）要珍惜自然资源，在全社会树立节约意识

以邓小平为核心的第二代中央领导集体，对我国的自然环境与自然资源的状况有清醒的认识，多样化的自然环境与庞大的资源总量在我国的人口规模面前并没有优势。因此，从改革开放之初进行经济建设时，对资源的节约就一直是经济发展追求的目标之一。

在经济建设中实现对自然资源的保护需要解决两个问题，第一个问题是对水资源进行高效率的使用，无论是工业还是农业用水都要最大化利用水资源，节约有限的水资源；第二个问题是工业污染的问题，工业生产对环境的污染破坏远远大于其他方面，保护自然环境需要解决的第一个问题就是工业污染。我国在现代化建设过程当中，如果不能很好地解决这两个问题，若干年后经济发展带来的环境问题会对我国的稳定、安全造成影响。对于水资源，我们要本着提高利用效率，减少水污染的原则进行开发与利用。地球上的水资源主要来源是自然降水，自然降水不仅形成了地表的河流、湖泊等地表水体，还形成了地下水系统。在我国北方地区，由于气候干旱，很多地区的没有河流与湖泊等地表水体，地下水是这些区域主要的水资源的来源。由数据表明，我国北方地区 60%~70%的水源都来自地下水，地下水在农业生产中具有重要的地位。

使用生物节水技术主要是利用生物的蓄水作用，植物可以大大提高土壤对水体的含蓄能力，并减少水土流失现象的发生。利用生物措施节水需要在耕作区域大量植树造林，提高土壤蓄养水源的作用，保持地下水的水位，从而使其能够为植物生长所利用。

灌溉是一种农业生产活动，科学合理的管理活动能够大幅度减少农业灌溉浪费水资源的现象，因此我们要高度重视农业节水活动，提高农业灌溉的管理科学性，实行统一管理从而达到节水的目的。

我们知道水资源的管理与开发在我国一直处于弱势地位，政府部门一直在提倡节水管理，但由于缺乏切实可行的推进策略，节水管理的制度并没有得到广泛的利用。水资源是人类赖以生存的环境，国家不仅要重视水资源的保护，还要制定有效的措施保证各种政策的推行，推进我国水资源保护工作的顺利开展。

对水资源进行合理的保护就要对是水资源的利用加以控制，对水资源进行统一的管理，建立可行的流域治理制度；同时加强我国水资源保护的立法工作，为水资源保护工作的开展与推行保驾护航；针对生活用水、工业用水要制定合理的水价制度，以市场为基础对水资源进行定价与分配；在农业生产中要充分利用现代农业技术对传统的粗放型农业进行改造，提升农业耕作的精细程度与节水效果。

二、提高人的素质，推动生态环境建设

无论是处理人口、资源、环境的关系，还是利用科学技术对自然环境进行保护与修复，人都是所有因素中核心的部分。想要推动生态环境保护的发展，要从根本上改变人们对生态环境保护的态度，形成良性的社会环境与舆论环境，使人们能够自觉保护环境。

(一) 要大力发展教育事业，更好地开发人力资源

从社会发展的角度来看，人力资源在人类文明发展与经济的进步中发挥着核心作用，任何要素都不能取代人的作用。21 世纪的各个国家之间的科技竞争实际上是人才的较量，在当前的国际社会中，各个国家制定了各种政策培养人才、吸引人才、留住人才。我国自古对人才都非常尊重，如今在国际形势的影响下国家制定了各种人才政策，确保我国在各种人才能够在各自的领域中发挥出重要的作用。

20 世纪六七十年代，由于政府工作重心的偏移，使得人才培养系统的运转受到了影响，导致我国出现了严重的人才断层，这对改革开放之初我国经济与社会发展的影响非常大。1977 年 5 月，邓小平曾经表示现代化的实现，需要科学技术的保障，教育不发展就培养不出优秀的人才，对于人才的追求与培养要扎实推进教育普及工作，以切实的行动保障最终的效果。为了改变我国人才匮乏的局面，邓小平亲自操刀我国的教育与科技工作，并组织召开了科学教育工作会议，对教育制度的恢复以及科技人才的挖掘起到了重要的作用。

（二）生态环境建设需要教育的支持和专门人才的培养

推进生态环境建设，需要的不仅是高质量的技术人才，同时也需要大量的具有专业技术的普通劳动者，因此在全社会普及教育，提高中国人民的整体素质对于我国社会和经济的发展具有非常重要的作用。从经济发展的角度来说，人才的匮乏使得我国在很多经济领域难以涉及，高利润的技术行业难以立足，经济的发展只能依靠粗放的资源开发与加工，这对自然环境的破坏非常严重。

1981 年 2 月，国务院发出的《关于在国民经济调整时期加强环境保护工作的决定》指出，环境保护是社会主义现代化建设的一项全新事业，需要大量的专业人才参与到其中，各大高校应该开设环境保护专业人才培养课程，促进环保人才的养成。此外还要在全社会开展生态环境保护意识教育，让更多的人认识到自然环境保护的意义，为环境保护人才的培养创造良好的社会氛围。

各地区、各部门在培训干部时，要将环境保护作为提升干部素质的标准之一。中央和地方各级环境部门，要积极开展对部门人员的环境保护知识培训，不断提高他们对本部门业务的熟悉程度。有条件的地方部门可以组织干部学习环境保护专业知识，聘请高校和科研机构的专家进行长期授课，条件不成熟的地区可以进行集中培训。1989 年七届全国人大常委会第十一次会议通过的《中华人民共和国环境保护法》对我国积极开展环境保护教育进行了肯定，并提出了加快环境科技的研究与开发活动的建议。

以林业建设为例，中共中央、国务院就人才与教育问题进行了具体的规定。1980 年 3 月，中共中央、国务院在发出的《关于大力开展植树造林的指示》中指出："大力培养林业科学技术人才和管理人才。在广大干部和群众特别是青少年中，普及林业科学技术，积极开展科学实验，提高造林质量和科学管理水平。"1981 年 3 月，中共中央、国务院发出《关于保护森林发展林业若干问题的决定》进一步强调，要努力发展林业教育事业。指出："要努力改善科技人员的工作条件和生活条件，稳定林业科技队伍。""当前，应当集中力量办好几所林学院及重点学科，提高教学质量。要开办大学专科和函授教育，加强和发展中等林业教育，为基层生产单位培养技术骨干。要重视林业职工和林区县、社领导干部的培训工作。办好林区的中、小学教育。要积极创造条件，把一部分普通中学改为林业职业学校。同时积极抓好林业知识的普及教育，在中、小学教材中要增加林业常识内容。"

三、建立和完善生态环境建设的政策、制度和法规体系

制度建设是促进我国生态建设的重要手段，从执行效果与约束效果上来看，制度能够更加稳定、更加长远、更加全面的对经济的发展进行调整，使其减少对自然环境的破坏。对于环境保护来说，制度与法律是保护环境免受各种破坏的最为有效的手段。

(一) 制定和实施生态环境建设的政策和措施

推进生态环境建设，要有基本的指导理论保证各项政策方向的准确性，此外还要有具体的配套手段以及执行措施来保证各项政策与制度的执行。1950 新中国成立之初，由于长期的战乱国家百废待兴，各项工程建设需要大量的原材料，尤其是木材，但是全国的木材供不应求。林业与农业拥有天然的联系，我国人口众多森林覆盖率不高，人均木材资源有很大的缺口，如果单纯依靠天然供给，很难满足建设需求。当时苏联利用闲置的土地建造了大量的人造森林用来满足国家的建设需求，这对我国木材供应是一个有益的启发，在党中央的决定下我国农田和村道周围开始大量种植树木，为我国建设用木材的供应做出重要的贡献。这是一个典型的自然环境保护与经济社会发展相辅相成的例子，在当前的经济发展过程中我们也要坚持环境保护的理念，将经济的发展与自然资源的保护结合在一起，保护我国的生态环境。

将防治污染放在前面，对我国的环境保护工作发挥了重要作用。1983 年 2 月，《国务院关于结合技术改造防治工业污染的几项规定》指出："技术改造的规划不仅要考虑本企业、本行业、本部门的效益，而且主要应当考虑国民经济全局的效益。对于那些从局部和眼前来看可以增产增收，但严重污染环境、破坏生态平衡、危害社会和国民经济发展的项目，不得列入技术改造的规划和计划。"

1984年7月，在国务院环境保护委员会第一次会议上，李鹏针对蓬勃发展的乡镇企业指出："我们要积极地扶持农村工业的发展，满腔热情地去引导，同时也要看到乡镇工业由于技术力量薄弱，资金缺乏，装备落后，往往容易造成环境的污染。对于那些污染厉害、严重危害群众身体健康的，要加以限制，有的就不能搞，对已经搞起来的要停止生产。要采取一些坚决的措施才行。"

值得一提的是，在防治污染中产生的排污收费制度，已经成为环境保护的重要措施。1982年5月，国务院在发布《征收排污费暂行办法》的通知中指出："征收排污费是用经济手段加强环境保护的一项较好的办法，目的是为了促进企业、事业单位加强经营管理，节约和综合利用资源，治理污染，改善环境。"

1987年10月，李鹏在国务院环境保护委员会第十一次会议上指出："八年来我国实行排污收费制度的实践证明，用经济杠杆推动企业积极治理污染，是一项正确的政策，体现了环境保护法规定的'谁污染，谁治理'原则。这项政策还为治理污染提供了一个可靠的资金来源。八年来，各个城市利用这笔资金办了不少事情，在治理污染方面取得了一定的成效。"

(二) 建立和健全生态环境建设的法律体系

针对改革开放初期我国法律体系还不健全的现状，以及新中国成立后在这方面的教训，以邓小平为核心的第二代中央领导集体非常重视法制建设。1978年12月，在中共中央工作会议闭幕会上，邓小平的讲话中强调指出："为了保障人民民主，必须加强法制……应该集中力量制定刑法、民法、诉讼法和其他各种必要的法律，例如工厂法、人民公社法、森林法、草原法、环境保护法、劳动法、外国人投资法等等……做到有法可依，有法必依，执法必严，违法必究。" 1979年4月，邓小平在中央工作会议上再次指出："全国污染严重的第一是兰州。桂林一个小化肥厂，就把整个桂林山水弄脏了，桂林山水的倒影都看不见了。北京要种草，种了草污染可以减少。所有民用锅炉，要改造一下，统一供热，一是节约燃料，二是减少污染。这件事要有人抓，抓不抓大不一样。要制定一些法律。北京的工厂污染问题要限期解决。"

　　根据邓小平的指示精神，1978 年 12 月，中共中央在批转《环境保护工作汇报要点》的通知中指出："要制定消除污染、保护环境的法规。要规定工矿企业和一切污染危害环境的单位的治理期限。对于那些严重污染环境，长期不改的，要停产治理，并追究领导责任，实行经济处罚，严重的给予法律制裁。" 此后，我国就环境保护问题颁布了一系列法律，包括《环境保护法(试行)》(1979 年)、《海洋环境保护法》(1982 年)、《水污染防治法》(1984 年)、《大气污染防治法》(1987 年)、《环境保护法》(1989 年)等，以及根据这些法律制定的法规，包括《基本建设项目环境保护管理办法》(1981 年)、《征收排污费暂行办法》(1982 年)、《海洋倾废管理条例》(1985 年)等。随着环境立法工作的不断推进，逐步形成了以宪法有关环境保护的原则规定为基础，以环境基本法为主体，以及环境保护单行法规、相关部门法有关环境保护内容共同构成的环境保护法律体系，为解决环境保护问题提供了有力的保障。

　　在环境法律体系日益建立健全的同时，环保执法也逐步加强。1983 年 12 月，国务院召开第二次全国环境保护会议，万里在开幕式上指出："要搞好环境保护，不能光讲道理，还必须依照法规严格监督，包括对环境质量、污染防治情况、环境法规执行情况的全面监督。所谓严格监督，就是依法办事，不讲面子，严肃认真。所有的环境保护机构，包括中央的、地方的，还有各部门的，都要抓环境监督。" 1987 年 6 月，中共中央、国务院发出《关于加强南方集体林区森林资源管理坚决制止乱砍乱伐的指示》，就超量采伐、乱砍滥伐、盗伐哄抢等问题指出："坚决依法保护国有山林权属不受侵犯。国有林场和自然保护区经营管理的山场林木，任何单位和个人都不得以任何借口侵占、破坏、哄抢、盗伐国有林木是违法犯罪行为，必须坚决依法处理，该判刑的要判刑，绝不能手软，对挑动群众哄抢破坏森林、伤害护林人员的犯罪分子，必须从速从重依法惩办。"

　　1989 年 12 月，七届全国人大常委会第十一次会议通过的《中华人民共和国环境保护法》，其第五章专门规定了法律责任的认定与处理。比如，第三十五条规定有下列行为之一的，环境保护行政主管部门或者其他依照法律规定行使环境监督管理权的部门可以根据不同情节，给予警告或者处以罚款：

(1) 拒绝环境保护行政主管部门或者其他依照法律规定行使环境监督管理权的部门现场检查或者在被检查时弄虚作假的；

(2) 拒报或者谎报国务院环境保护行政主管部门规定的有关污染物排放申报事项的；

(3) 生产行为没有按照国家相关标准执行，排放物超过国家标准或者排放物环境保护技术标准不达标的。

(4) 引进新生产技术或新设备与我国生态环境保护精神或我国环境状况不相符的。

(5) 将产生严重污染的生产设备进行转让，且对方没有污染处理能力或者不具备安全使用能力的。

第五章　生态经济观是实现美丽中国梦的物质保障

当前，全世界在发展的过程中，都必须要面临的一个问题是，经济发展与资源、环境之间的关系正在逐渐恶化。20 世纪 70 年代，世界范围内的石油危机爆发，在这一背景下，传统经济增长方式所存在的弊端才开始引起了世界范围内的重视。在 20 世纪 50 年代，我国所实行的经济增长方式是高消耗、高污染的工业化道路。进入到 20 世纪 90 年代，我国工业化进程开始加快，资源与环境之间矛盾也日益凸显出来，引起了社会各界人士的关注。中国在建设特色社会主义生态文明的过程中，必须要加强对绿色经济和循环经济的支持力度，对我国的产业结构进行调整和优化，提倡人们实行绿色消费，推进生态文明建设的全面顺利进行。

第一节　循环经济是实现美丽中国的基本思路

在社会主义发展新时期，我国在建设和谐社会的过程中，必须要大力发展循环经济，这可以实现对资源的高效利用，减少对资源的破坏，防止环境受到污染，促进人与自然之间的和谐相处。

一、循环经济的科学内涵

（一）循环经济的概念

循环经济实际上属于低碳经济中的一种重要形式，但是其实现方式又不完全属于低碳经济。在 20 世纪 90 年代，我国开始引入了循环经济的概念，此后开始在本国范围内探索循环经济的实现方式。当前，人们对于循环经济的定义是：循环经济是一种以"减量化、再利用、资源化"为原则，以提高资源利用效率为主要目的的符合科学规律和科学发展观的经济发展模式。循环经济是一种新型的经济发展方式，改变了以往人们依靠破坏自然环境而换取经济效益的经济发展方式，这是人类实现与自然和谐相处的一种重要发展模式。从本质上看，循环经济实际上就是，人类通过对自身知识和智慧的利用，从而在自然环境、自然资源和人类社会发展之间，所寻求的一种平衡方式，其可以使多方面都受益，改变了以往依靠资源消耗来换取经济增长的发展模式，对实现人类社会的可持续发展是极为有利的。

对于循环经济来说，其最终发展的方向是，实现循环社会的顺利构建，这同时也是新时期我国社会主义现代化建设的目标。在循环型社会中，其中的"社会"所指的实际上是广义上的社会概念，没有被局限在经济范围内，而是可以被广泛应用到政治、文化及生活等多个领域之中。同样的，对于循环型社会中所包含的"循环"概念来说，也突破例如循环经济的限制，其要求自然物质和人类社会也要实现循环式的发展。对于循环经济来说，其并不仅仅指的是自然循环，同时还包括人类通过对自身智慧的利用，能够实现对资源最小的消耗，但是却能获得更高的收益，在从自然界获取物质之后，通过循环经济体系可以将其变为一种对自然界无害的物质，然后再让其回归到自然界内，这是一种最为理想的经济发展状态。①

(二) 发展循环经济优势特点

从本质上看，循环经济是一种生态经济，要求在生产的过程中必须要严格按照生态规律来进行，以此来对生产、消费和废物进行处理。循环经济模式与传统经济模式相比较，其特点和优势主要表现为以下几点：

1．循环经济可以充分提高资源和能源的利用效率

传统经济模式的结构组成为，资源—产品—污染排放，这是一种单向物质元素流动的经济形式。在传统经济模式中，首先需要通过对一系列工具的利用，从自然环境中获取所需的自然资源，然后在对其进行一系列的加工之后，将生产的

---

① (日)岩佐茂著；韩立新，张佳权译．环境的思想[M]．北京：中央编译出版社，2010，第210页

废弃物和污染物质排放到自然环境中。从这里可以看出，传统经济形式对资源的利用是一次性的，过程较为简单和粗暴，其在技术方面的创新，从一定程度上来说，也是对自然环境另一种形式的破坏。而对于循环经济来说，其是建立在现代科学理论基础之上，其所倡导的实现对资源的循环利用，从最大程度内减少人来在经济发展过程中对于自然环境的破坏。对于循环经济来说，其最为显著的特点是，能够合理利用在生产环节中所产生的废弃物和污染物，最大程度减小对资源的损耗，提高资源利用率，减少废弃物的排放。

2. 循环经济可以实现社会、经济和环境的"共赢"发展

对于传统经济模式来说，其是通过将资源转化为物质产品的形式来获取经济效益，以此来推动经济的向前发展，该种发展模式违背了自然规律，是对产业内部各个产业之间所存在生态联系的忽略，在发展的过程中虽然实现了经济的增长，但是却将经济发展、社会发展和自然发展推到了对立的位置。高开采、高消耗、高排放、低利用，"三高一低"，是传统经济模式的主要特点，是一种单向的经济发展形式，资源利用效率不高，具有很强的局限性，并且在生产过程中还会排放大量对自然界有害的物质，对生态系统造成了严重的破坏，最终人们会为自身对环境的破坏而付出相应的代价，这实际上就形成了一种恶性循环。

对人与自然之间的关系进行协调，这是循环经济的基本准则，可以实现人与自然之间的和谐发展，符合自然发展规律，实现对经济增长方式的转变，推动人类社会可持续发展的实现。通过实行循环经济，可以实现对产业链条的延长，促进新型的经济部门产生和发展，尤其是对于环保经济来说，这是一个大的发展机遇，在未来我国大力推行循环经济的过程中，必然会建立一个人与自然和谐相处的美好社会。

3. 生产消费的各个环节处于统一发展的框架中

传统经济模式中，从经济理念上来看，物质的生产和消费并没有被同时提及，这就导致物质生产与消费被割裂，二者不能实现平衡，长此以往就会造成生产过剩，大量的产品被浪费，这是对资源的严重破坏，会形成一种恶性循环，不利于人类的可持续发展。

从世界范围内的循环经济发展情况来看，国外循环经济的发展已经取得了一定的成就，在资源消耗和废弃物排放方面实现了有机的统一，具体来说，主要表现在以下几方面：

第一，在生产工程中，所产生的废弃物得到了最大程度的利用，进而使得生产过程中的废弃物减少。

第二，在共生企业或者共生产业之间，已经初步建立起了生态网络，并取得了一定的成效，这对于自然环境的保护起到了很大的作用。

第三，形成了"以点带面"的良好经济发展模式，在整个生产区域范围内建立起了完整的生态工业体系，这对于促进经济的进一步发展是极为有利的。

从人类社会发展的总体趋势来看，循环经济是历史发展的必然，这可以缓解资源短缺和经济增长之间存在的矛盾，有利于实现人类社会的可持续发展。从我国发展的实际情况来看，在我国全面建成小康社会的过程中，为了实现经济、社会、政治、文化之间的和谐发展，大力推行循环经济是其中的一项重要手段，这同时也是推动我国社会进一步发展的重要保障。

（三）循环经济的发展规律

1. 生态经济规律

应当明确的是，循环经济建立的基础是生态经济，如果没有生态经济，循环经济就会失去赖以生存的基础。

对于生态经济来说，其实际上就是一种尊重生态规律和经济规律的经济形式。从其核心上来看，生态规律就是生态系统运行中所必须要遵循的物质动态平衡。循环经济的运行必须要建立在生态系统之上，涵盖到从生产到消费的各个环节，这是生产力在发展到一定的水平之后，在生产力与生产关系之间所产生的一种全面开放的系统。对于该种经济运行方式来说，想要实现长久的存在和发展，就必须要不间断地与生态环境之间进行物质和能量的交换。从这个层面上来看，生产力发展的规律才是经济规律的核心，而生态系统能够不断地提供优质、大量的物质资料，则是生产力发展的源泉，从这个角度来看，生态系统和经济系统之间就形成了一种矛盾统一体。生态经济规律始终存在于紧急运行过程之中，因此，人们在全面推行循环经济的过程中，必须要将人类社会发展与生态环境发展相统一，对二者在发展过程中所涉及的多项要素进行综合考察，实现彼此之间的协调发展，从而最终实现社会、经济和生态之间的和谐发展，为社会发展谋取更大的利益。

2. 两种资源并存和统一规律

对于循环经济来说，其发展过程中所涉及的资源形式，既包括自然资源，也包括再生资源；所涉及的能源也包括两种形式，其中一种是一般能源。另一种是绿色能源。从循环经济的角度来看，这些资源就可以被称为是"第一资源"。

想要实现循环经济的全面运行，只利用"第一资源"是不能实现的。因此，对于循环经济来说，其首要的特色就表现在其不仅重视对"第一资源"的利用，其对"第二资源"的利用也同样重视。由此可见，循环经济对资源的利用方式，是将"第一资源"和"第二资源"相结合。这里所谓的"第二资源"指的是，在传统经济形式中，被当作废弃物、垃圾来进行处理的资源形式。从人们的传统观念来看，垃圾是污染源的重要组成部分。但是从资源的角度来看，其却是世界上唯一一种在持续增长的资源形式。

3. 经济效益约束规律

在经济学理论中，提出了"经济人"理论的假设，这种假设揭示出了，贪婪是人的本性。亚当·斯密把"看不见的手"看作是经济学的一条基本规律，自利性存在于人的本性之中，其对人类社会的向前发展起着重要的推动作用。

在市场经济运行中，存在一条重要的经济运行规律——价值规律。价值规律指的是，社会必要劳动时间决定了商品的价值量。具体来说，其所包含的内容如下：

第一，商品生产的规律，其可以反映出生产商品与其所耗费价值量之间所存在的关系。一般来说，对于一件商品来说，在生产其过程中，所耗费的社会必要劳动时间越多，那么其所具有的价值就越大；反过来，生产一件商品所耗费的社会必要劳动时间越少，其所具有的价值量就越小。

第二，商品交换规律，其可以反映出商品生产者之间会通过等量劳动的形式来进行交换的规律。应当明确的是，价值是商品交换的基础。在价值规律的作用下，商品价值在短时间内会进行一定程度的上下波动，但是从长期来看，商品价格的波动都不会高于或是低于社会必要劳动时间决定的价值量。这是价值规律作用的主要表现形式。

4. 权责对称规律

应当明确的是，可持续发展是循环经济建立的基础。但是对于一些企业来说，由于其自身的发展要受到人才或是技术等方面的影响，因此在采用循环经济的条件下，就会导致自身经营成本的上升，因此对于这部分企业来说，为了保障自身的经济效益，通常就会放弃循环经济的发展形势，采用不利于可持续发展的生产方式。从社会发展的长远目标来看，对于这些企业所采取的不利于可持续发展实现的生产方式，如果放任不管，那么社会整体效益必然会受到一定的损害，也就是说，会导致负面外部性效应的产生。在这种生产导向下，其他的企业可能也会受到影响，进而跟随这些企业的脚步，也开始采用非可持续发展的生产方式。长此以往，从表面上看，社会的经济发展好像是在提高，但是从本质上看，社会经济效益却是在不断减少。

因此，从政府层面来看，针对社会企业生产过程造成影响的负面外部问题，必须要提前制定相应的规章管理制度，对其生产行为进行约束和限制，通过社会及相关部门的监督，帮助这些企业最终改变经济增长方式，走上可持续发展的道路。从这里可以看出，在循环经济发展的过程中，权责对称规律也发挥着举足轻重的作用。

二、我国循环经济发展存在的问题

（一）发展循环经济的体制、机制问题

只有在一定社会环境的支持下，循环经济才能实现顺利的发展，这里的环境

指的是，发展循环经济所需要的发展机制和管理机制。在一些发达国家，很久以前就已经开始实行循环经济，并取得了一定的成就。与这些国家相比，我国的循环经济起步较晚，并且在实际发展中也存在诸多的不足之处，从制度环境方面来看，主要表现在以下几方面：

1. 政府推动体制不齐

从党中央的层面来看，其对全国范围内推动循环经济的发展表现出积极的态度，但是从实际情况来看，很多地方政府对循环经济的理念和执行，存在诸多不足之处。从地方经济的发展情况来看，对循环经济的发展表现最为积极的是各地的环保部门。由于各地经济发展不平衡。因此在我国的一些地方，缺少发展循环经济的必要条件，因此一些经济部门为了取得良好的经济发展成绩，在对循环经济发展的批示中，通常会将其排放在较为靠后的位置，这对于全面范围内循环经济的推进是极为不利的。

2. 企业发展循环经济的动力机制亟待加强

当前我国实行的是市场经济形式，因此对于很多企业来说，其最为看重的仍然是自身的利益，而社会使命感在其身上没有得到很好的体现，从这个层面来看，这些企业对于循环经济的推动，缺少必要的利益驱动。此外，与发达国家相比较，针对循环经济来看，无论是在理论研究上，还是在科技研究领域中，我国的循环经济的发展始终处于落后的情况，可以实际利用到循环经济中的生产技术更是少之又少，由此可见，我国循环经济的发展还缺少相应科学技术的支撑。从我国企业发展的总体状况来看，大多数的企业都属于中小企业，而全面贯彻循环经济的实行，需要大量的资金支持，因此对于这些中小企业来说，在实行循环经济的过程中，实际上并不具备相应的经济实力。

3. 社会宣传、动员机制不够，民众参与低下

该问题主要表现在两方面：

第一，从社会宣传上来看，对于循环经济的宣传不到位，这就造成了信息不对称的情况，民众在对循环经济进行了解的过程中，缺少相关的渠道，这就使得

整个社会实际上对于循环经济的理解缺乏深层的认知，这就造成尽管很多很多人听过循环经济的概念，但是对于循环经济的具体内容又一无所知。

第二，我国当前的环境保护组织构建来看，数量较少，并且所覆盖的范围极为有限，尤其是那些民间自发组建的环保组织数量更是有限，这就造成对于循环经济的宣传与参与机制的中间环节缺失，在循环经济的推行中，民众的参与程度较低。

（二）立法缺失的问题

从我国政府方面来看，虽然其对循环经济的推行给予了很大的支持，但是从立法方面来看，却缺少对循环经济进行综合调整的专项法律，这就造成立法方面对于循环经济的管理出现了很大的困难。当前，我国循环经济的发展中，可以依据的法律主要有《环境保护法》、《清洁生产促进法》、《固体废物污染环境防治法》等，这些法律只有其中的一部分条款适用于循环经济的发展，可以对相应的行为进行指导和约束，但是专门针对循环经济发展的法律，至今还没有进行制定，这对于循环经济的全面发展是极为不利的。

三、推动循环经济发展的策略

（一）加快立法进程

从发达国家，如美国、日本、德国等循环经济的发展情况来看，其已经制定了完善的法律，对产品制造、建筑工程、原材料加工以及废弃物处理等各个环节的生产都纳入到了法律约束的范围之内，这就为循环经济的发展提供了相应的法律支撑。我国也可以对这些法律条款进行借鉴，及时对我国循环经济的相关法律法规进行完善。

（二）政府引导与市场调控相结合

循环经济的全面推动，区域经济的发展是关键，要不断对循环经济的发展模式进行探索和创新，针对地域的不同，建立不同级别的生态产业园区，通过以点带面的形式，全面拉动循环经济的发展。在推动循环经济发展的过程中，政府要不断转变职能，为循环经济的发展打下坚实的基础。对于各地的环保部门来说，要承担起更多的责任，不仅要对企业循环经济的实行进行监督，同时还要为其提供必要的技术支持，以此实现企业生产方式的顺利转变。要充分利用市场经济的优势，对环保产业的经济价值进行深入的挖掘，通过市场杠杆的作用来对市场的资源进行调整，使其向环保产业聚集，首先建立起一批有一定规模和影响的环保龙头企业，为循环经济的全面发展起到良好的带头作用。

（三）调整经济产业结构

在当前的产业机构体系中，对结构调整的关键，是要把握好资源利用率与经济效益之间的关系，二者之间是相辅相成的关系，缺一不可。在推动循环经济发展的过程中，如果只注重资源利用效率，而忽略了经济效益，那么循环经济在推行中必然会由于动力的不足而最终停止；反过来，如果只是注重对经济效益的考虑，而忽视了对资源的利用效率问题，那么循环经济的优势则无法体现出来，该种经济形式实际上就与传统经济模式没有大的区别。

由此可见，没在对产业机构进行调整的过程中，必须要注重布局的合理性，要实现资源利用效率与经济效益之间的平衡发展，这样有利于实现对循环经济的合理推进，同时对全面建成小康社会的实现也打下了坚实的基础。

（四）以绿色消费推动循环经济发展

对于循环经济的发展来说，其中的一个重要动力就是绿色消费，这同时也是确保循环经济能够实现健康发展的重要保障。绿色消费具有广泛的生态、经济和社会意义，需要通过社会的力量对其进行全面的宣传，以此来提高社会成员对于绿色产品的认同，提高他们对绿色产品的消费欲望。通过市场的需求，来推动循环经济和绿色产业的快速发展。对于循环经济形式所生产的产品，国家和政府要给予一定的优惠措施，按照相应的质量标准，对这些产品进行特殊的认证，使得社会公众可以对这些绿色产品进行分辨，保护他们的消费权益。

第二节 低碳经济是建设美丽中国的重要

当前社会，低碳已经成为一种时尚，其不仅是一种生活理念，更是一种经济理念。通过大力推行低碳经济，可以全面提升我国的经济发展质量，从而实现对环境的保护，减少对环境的污染，全面推进小康社会的建设进程。

一、低碳经济的本质

从低碳经济的本质上来看，其是一种真正的"善举经济"，也就是说通过善待环境，可以体现对人类自身的善意。对于低碳经济来说，其出发点是要善待自然，主要目标是人类的生产和生活要减少对资源的依赖，实现对资源的可持续利用，并且在经济发展的过程中要注重对环境的保护，减少生态损害，实现经济和社会的可持续发展。发展低碳经济并不是要降低企业的效益，而是要在保证现有经济发展速度和质量的前提下，通过一定的方式来减少二氧化碳的排放量，减少二氧化碳的排放强度，以此来保证生产能源的可持续供给。其中，可以采用的低碳方式主要有，增加碳汇、改善能源结构和提高能源效率、调整产业结构、增强低碳管制等措施。

需要注意的是，低碳经济的发展不是凭空出现的，其必须要通过对产业和产业结构的优化升级才能最终实现。从这个角度来说，在实现经济和社会可持续发展的过程中，产业结构的优化升级与低碳经济相融合是一种必要的手段。产业结构低碳化升级就是产业结构升级与低碳经济推进之间融合发展的具体实现形式。

综上所述，低碳经济实际上就是多种理论支撑下所构建起来的，这些理论包括可持续发展理论、产业经济学理论、发展经济学理论等，这些理论依据的存在就为低碳经济的实践打下科学的理论基础。

二、低碳经济的含义与认知层次

（一）低碳经济的含义

所谓的低碳经济，指的就是生产过程中要通过最少的温室气体排放，来获取最大的社会经济效益。与传统经济模式相比较，低碳经济的突出特点是，低能耗、低排放、低污染、低碳化产业、低碳化消费，在中国特色社会主义生态文明建设的过程中，低碳经济是其中的一项重要实现方式。从低碳经济的本质上来看，其所要解决的问题是能源效率和清洁能源结构，不断创新能源技术和制度是其核心，缓解当前的温室效应和实现人类的可持续发展是低碳经济的主要目标。在亚太经合组织(APEC)会议上，我国针对环境问题提出了四项新主张，即坚持合作应对、坚持可持续发展、坚持《联合国气候变化框架公约》主导地位、坚持科技创新，提议建立"亚太森林恢复与可持续管理网络"，主张"发展低碳经济"、研发和推广"低碳能源技术"、"增加碳汇"、"促进碳吸收技术发展"，以及"开展全民气候变化宣传教育，要在全社会范围内对节能减排进行宣传，提高民众自觉意识，为缓解温室效应和节能减排做出相应的努力，鼓励民众进行绿色消费，承担起一个大国应当承担的环境保护责任。

(二) 低碳经济的认知层次

对于低碳经济的认识，我们从三个不同的角度来分别进行理解：

1. 浅层视角

从浅层视角来看，低碳经济所实行的经济模式是低能耗、低污染和低排放，其主要目的是全面提高对资源的利用效率，对社会的生产清洁结构不断进行优化等，不断对能源技术和节能减排技术，以及相关的产业结构、制度进行创新是实现低碳经济的核心。通过实行低碳经济，以此来促进人类可持续发展的实现。

2. 中层视角

从中层视角来看，低碳经济中主要包含两个方面的内容。其中，一方面是低碳，指的就要降耗减排，减少生产和生活中二氧化碳的排放量；另一方面是碳汇，指的就是要增加碳汇，将已经排放到大气中的二氧化碳再通过一定的技术将其重新收集回来。想要实现这两个目标，最好的方法就是植树造林。据统计，我国每年人均会有 3.9 吨的二氧化碳会被排放到大气中，一棵树每年可以在大气中吸收

0.34 吨的碳。研究表明，林木每生长 1 立方米，平均约吸收 1.83 吨二氧化碳。人类的经济活动，会造成碳失衡，这是导致全球温室效应逐渐增强的主要原因。人类在活动中，为了生产和生活会消耗大量的煤炭和石油等能源，这一过程所排放的二氧化碳数量极为庞大；此外，人类为了满足自身的需要，大量对森林进行砍伐，植被遭到了严重的破坏，使得碳汇能力急速下降。解决这一问题的主要途径也有两种：一种是在全球范围内进行降耗减排，另一方面是加强对植被的保护，大量植树造林，增加碳汇能力。

3．深层视角

从深层视角来看，全面推行低碳经济的主要目的是对地球的自然环境进行保护。当前，大自然产生的诸多自然灾害都与大气温室效应之间有着紧密的联系，例如大气污染、洪水暴发、干旱、虫灾、臭氧层破坏等自然灾害的爆发，都是由大气温室效应所引起的。而造成这一情况的祸根则是人类对于大气中二氧化碳的排放量逐年增加。

三、发展低碳经济，促进生态文明建设的主要途径

（一）完善低碳政策，鼓励低碳生产

在全面建设社会主义生态文明的过程中，实行低碳生产是其中的一项重要措施，其同时也是对传统经济增长方式进行转变的一个重要途径。面对高碳的生产方式，逐渐将其转变为低碳的生活方式，可以从以下几个方面入手：

第一，在生产能源的过程中，要提高低碳能源的生产量。也就是说，要逐渐减少对煤炭和石油等化石能源的使用，采用风能、水能、生物质能、能源作物、太阳能、太阳光电、燃料电池等低碳能源。

第二，在生产和生活中，要尽量采用低能耗、低污染、低排放的形式，要减少对化石能源的使用，大量采用新能源，以此来减少向大气中对二氧化碳的排放量。

第三，要建立碳汇激励机制，也就是说对社会中清除大气二氧化碳的过程、活动、机制建立奖励政策，大量进行植树造林，以此来吸收大气中的二氧化碳，缓解温室效应。在整个陆地生态系统中，森林是其中最大的一个碳库，每年会吸

收大气中的大量二氧化碳，在减少空气中二氧化碳的浓度，缓解温室效应方面起到了重要的作用。

(二) 推进低碳经济发展的技术创新

中国实现低碳经济发展方式，需要多方面技术的支持，因此创新低碳生产技术就成为我国发展低碳经济的关键。具体来说，可以从以下几方面入手：

第一，对我国低碳技术的发展前景进行全面的规划，在生产和生活等领域全面进行低碳技术的研发，逐渐在全社会范围内建立起能和能效、洁净煤和清洁能源、可再生能源和新能源以及森林碳汇等多元化的低碳技术体系，为我国经济增长方式的转型打下强有力的技术保障。

第二，在我国全面发展科技整体战略的过程中，要大力加强对低碳科技的创新力度，为商用技术的开发和推广进行大力的支持，同时为低碳项目的科研和开放项目制定多项优惠政策，大力增加对低碳科学技术开发的资金支持。

第三，全面支持和鼓励低碳科技领域的开发和示范工作。对实用技术采用鼓励和支持的态度，对那些落后的生产技术进行淘汰，推动产业技术的优化升级，采用先进的产生技术，全面提高能源的利用效率。

第四，逐渐建立起低碳科技转让与推广中心，为给低碳技术的转让、产品交易与综合服务提供服务平台，为低碳科技的推广创造更多的条件。

(三) 深化体制改革，推动生态文明发展

当前我国实行的是社会主义市场经济体制，利益机制在其中发挥着重要的作用，未来经济的发展过程中，要利用该项机制，逐渐实现从"经济人"向"低碳"方式的转变。具体来说，可以从以下四个方面入手：

第一，对当前市场中存在的资源价格形成机制进行改革，为实现资源节约和环境保护，来制定相关的财税政策。

第二，对能源价格机制进行改革，可以通过提升煤炭、石油等能源价格的方式，加快对新能源的开发和使用。

第三，对环境产权制度进行改革，为环境产权的公平交易创造一个良好的环

境，对于那些可以享受到环境保护政策的地区、企业和个人，征收一部分费用，以此来保证环境产权的公平性。此外，还可以逐步建立环境税收项目，对那些高污染的企业征收重税，以此来为环境治理缴纳相应的费用，承担起相应的环境保护责任。

第四，建立起碳交易体制，就是将碳排放额度作为一种商品进行出售，对其进行货币化分配，剩余的标准可以将其作为商品投放到市场中进行交易，以此来保护碳排放量少的企业的利益。

第三节　优化产业结构是建设美丽中国的必然选择

从人类历史发展的总体趋势来看，产业分工的形成，以及在此基础上所建立起来的产业体系，对于人类文明的形成，及其文明形态的更迭都有着密切的关系。因此，走中国特色社会主义生态文明的建设道路，就必须要建立起新的产业体系，这是最终能够实现我国生态文明的一项重要保证。

一、农业产业结构的生态化调整

（一）提高认识，加强领导

农村群众认识有限，因此对于生态农业的推广，必须做好宣传工作。对于宣传部门来说，必须要充分发挥自身所承担的生态农业的建设和推广作用，向广大的农村群众大力推广生态农业知识，加强农民对生态农业的认识。通过对生态农业的宣传和推广，要让广大的基层管理者认识到，未来农业的发展趋势必然是走生态农业的道路，对于农民方面来说，则要使其认识到，实行生态农业是提高自身收益的一项重要途径。在具体的宣传方式上，可以采取电视、广播、报纸、杂志等大众媒介，在结合生态农业宣传特点的基础上，能都将科学的农业知识和理念切实传递到广大的农村，提高宣传的实效性，加强农民对生态农业的认识和理解。

（二）增加资金投入

对于任何项目的推进，充足的资金都是必不可少的因素，在推广生态农业的过程中，必须要保证相应资金的充足，否则生态农业的推广项目很可能会走向失败。从当前我国农业发展的总体趋势来看，对于农业项目的投资制度还不够完善，农业发展获取资金的方式较为单一，并且最终能够获取的资金数量也极为有限。因此，为了改善我国的农业生态环境，在全国范围内大力推广生态农业的过程中，必须建立起一套完整的农业资金投入体系，确保生态农业在推广和实践的过程中能够得到充足的资金支持。此外，针对农业发展的资金获取渠道，国家也应当逐渐开放农业领域的社会投资渠道，增加农业发展的资金获取渠道，为农业的发展筹集充足的资金，以此确保生态农业能够实现顺利推广。

（三）强化科技教育

在对生态农业进行实践推广的过程中，必须要加强对生态农业生产技术的关注和研究，在从国外引进生态农业技术的过程中，不能盲目，必须要结合我国农业的实际生产环境、生态农业的发展状况，以及我国农民的农业种植习惯等因素，在对引进国外技术的可行性进行全面分析，能够确保该项技术的投入可以为我国带来良好的收益之后，才能最终引入并投入使用，避免产生资源浪费的情况。此外，高校方面也应当加强对生态农业科技的研究，充分发挥高校科学技术基础强、高科技人才集中的特点，大力开展生态农业科技研究项目，为生态农业的发展培养一批优秀的科技人才。

二、工业产业结构的生态化调整

（一）改善工业结构，调整产业布局

优化工业结构，对工业布局进行调整，就是要在新型工业化的进程中，要对生态农业、生态工业和循环经济大力进行推广和发展，转变以往环境污染型的经济发展模式，转变为环保型的工业产业结构，鼓励生态产业的发展，提高其在国民经济中所占的比重，全面推进生态经济的发展，并在未来的产业结构中逐渐成

为主导产业。

对于农村地区的发展，要对农村地区的经济结构进行大力的调整，对农林牧副渔等效益农业进行广泛的推广。需要注意的是，农业的生产必须要以国外内市场需求作为前提，这样所生产出来的农副产品才能找到销路，防止出现滞销的情况。要大力发展农业科技，对农产品进行深加工，提高农产品的附加值。对农村地区所拥有的森林、土地、水源等自然资源要充分进行利用，大力推广绿色食品和有机食品的生产和销售，对农业生产结构逐步进行优化，生产适销对路的产品，从而提高广大农民的收入。

对于工业生产来说，要积极推广清洁生产，提高对清洁能源的使用比重，实现对资源和能源物质的循环利用，减少对污染物质的排放，注意对生态环境的保护。大力扶植新兴产业的发展，提高企业的生产技术，对污染少的环保型产业进行积极的推广，并逐渐开发出有自身优势的产品系列。企业要注重培养自身的品牌效应，建立起一批符合自然生态规律同时有能够保证经济效益的新兴产业群。对于企业的扶植，要将关注的重点放在新能源、新材料、基因工程、现代生物技术、通信、激光等，拥有巨大发展潜力的高新技术领域。

(二) 走新型工业化道路

从当前我国环境发展的总体状况来看，污染情况较为严重。出现这种情况的一个重要原因是，我国长期实行的是粗放型的经济增长方式。因此在建设生态文明的过程中，必须要转变这种经济增长方式，以此来实现人类和社会的可持续发展。当前，我国所走的是一条既有中国特色的社会主义工业化道路，需要通过投资、出口协调拉动转变，以此来实现经济的增长。在产业结构方面要转变以往第二产业占据主导地位的情况，要逐步实现第一、二、三产业的协调发展。同时，还要转变以往依靠物质资源消耗的生产方式，逐渐向依靠科技进步、劳动者素质提高、管理创新的经济发展方式进行转变。

在很长的一段时间内，人们对于经济增长的观念都是错误的，认为在社会的发展中，对于经济增长的追求是第一位的。所谓的经济增长，其主要针对的是增长过程汇总资源、劳动、资本等投入的效率来说的。但是对于经济发展方式来说，其包含的内容就更为广泛，不仅包括提高经济效益，降低资源消耗等问题，同时还包括对经济结构进行优化，改善生态环境，以及合理分配发展成果等内容。

我国在实行改革开放之后，经济得到了快速的增长，随之而来的就是环境方面所承担的逐渐增大的压力。由于资金和生产技术的限制，在我国很多的地区在经济发展的过程中采用的是竭泽而渔式的开发方式，这种经济发展方式是对自然规律的严重违背，对生态系统造成了严重的破坏，很多地方的生态环境开始退化，甚至不再适宜人类的生存和居住。很多地方在经济发展的过程中，由于对资源的过度开采，超出了环境的承载能力，导致水资源严重短缺，植被退化严重，环境污染状况加剧。这些问题的出现，在一定程度上是对经济快速增长的抵消，甚至在生存舒适度上还降低了人们的生活水平。

对传统的经济增长方式进行转变，需要提高资源的利用效率，以较少的资源投入获取更大的经济增长，并且还要降低对污染物的排放。我们在长期发展的过程中，必须要始终坚持科学发展观的引导，坚持以人为本，不断满足人民群众日益增长的物质文化生活的需要。这种需求，不仅仅指的是人们收入的提高，以及物质上的满足，同时也包括获得良好的生态环境、清新的空气和清洁的水源等。

三、服务业产业结构的生态化调整

（一）大力发展环保产业发展

在建设生态文明的过程中，要大力推进环保设施产业的发展，加强对污染治理设施运营的监督和管理，逐渐实现对环境治理设施运营的企业化、市场化、社会化。在环保产业服务领域发展的过程中，要建立一种公平竞争机制，防止出现垄断经营情况的出现，对市场准入条件适当放宽，鼓励多种环保服务企业进行优化组合，在市场竞争机制中实现优胜劣汰。要逐步建立起环保产业服务体系，对项目建设、资金流动、咨询服务、人才培训等方面不断进行完善，大力支持环保产业的发展，为其提供综合性、高质量、全方位的服务，并在环保产业的发展中逐渐提高服务业的比重。

(二) 大力发展生态服务业发展

想要顺利建立中国特色社会主义生态文明，就必须要注重对生态服务产业的发展。在经济社会发展的过程中，要始终将生态服务业的发展放在重要的位置，不断为社会增加就业渠道，扩大市场消费，可以通过市场化、产业化、社会化、城镇化等多项手段来拉动生态服务业的发展，在国民经济的发展中，不断提高生态服务业所占据的比重。

1. 旅游业

随着人们生活水平的不断提高，对旅游的需求也越来越大。对产业结构进行优化升级的过程中，要大力加强对旅游产业的发展。加强不同地区的生态旅游交流与合作，实现跨地区、跨景点式的旅游联销经营，对旅游市场不断进行拓宽，逐渐建立起一批具有影响力的生态旅游地区，为其他地区生态旅游的发展起到良好的带头作用。

对于生态旅游来说，其所起到的作用主要表现在以下三个方面：

第一，从经济方面来看，发展生态旅游可以为当地的经济发展带来活力，提高人们的收入。

第二，从社会方面来看，可以为社会提供更多的就业岗位，解决农村剩余劳动力就业的问题，维护社会稳定。

第三，从环境方面来看，通过开发生态旅游所获得的收入，可以为自然环境和文化资源的保护提供相应的资金支持。

从上述中可以看出，生态旅游业是一项具有高科技含量的绿色产业，在发展旅游产业的同时可以实现对生态环境的保护，同时对生态环境保护反过来还可以促进旅游业的进一步发展。需要注意的是，对于生态旅游的开发必须要进行科学的论证，否则盲目开发可能会对生态环境造成不可逆转的伤害。此外，在对生态旅游进行开发的过程中，还要提前对旅游项目的内容进行全面的规划，使人们在参与生态旅游的过程中还可以学会爱护大自然、保护大自然。

2. 商贸流通业

所谓的发展商贸流通业，指的就是要在产品的主要集散地，形成对大宗生态商品的批发和贸易，对生产产品的市场不断进行完善，建立公平的竞争机制，不断扩大市场规模。此外，在提高生态商贸流通效益方面，还可以采用连锁直销、物流联运、网上销售等多种方式来实现。

3. 现代服务业

对关于生态产品市场的运作与经营，要不断进行完善，注重培育生态资本市场，针对金融保险业的服务领域要不断进行扩大，以此推动现代服务业走向完善。针对地方性金融业的发展，要采取鼓励的态度，大力加强对证券、信托等非银行金融机构的项目建设。此外，针对会计、审计、法律等中介服务，也要加快发展速度，这对提高生态服务业的整体水平具有重要的意义。

在社区建设中，针对那些以居民住宅为主的社区，要加强内部的生态化的物业管理，支持并引导文化、娱乐、培训、体育、保健等产业实现共同发展，使社区服务业逐渐形成完整的体系，实现多种不同的生态经营方式，为人们提供种类繁多、高质量、高效益的社区生态服务。

第四节　绿色消费是建设美丽中国的可靠保障

随着我国生态环境的逐渐恶化，国家对于生态环境的保护问题已经引起了高度的重视，人们的生态保护意识也逐渐增强，这就为绿色消费市场的发展提供了良好的机遇。当前，由于我国市场经济的发展还不够完善，再加上居民消费能力的限制，因此导致我国居民绿色消费和生态文明建设模式的发展还存在诸多的问题。

一、绿色消费的内涵

(一) 绿色消费的概念

1987 年，英国学者约翰·埃尔金顿(John Elkington)和朱丽亚·哈里斯(Julia Hailes)在《绿色消费者指南》一书第一次明确提出了"绿色消费"的概念，他们将绿色消费定义为是避免使用以下 7 种商品的一种消费：

(1) 可能会危害使用者生命、健康的产品。

(2) 制造、使用上会对生态环境造成污染或者破坏的产品；

(3) 制造、使用耗费大量能源或者其他自然资源的产品。

(4) 由于包装或者使用周期过短易造成资源浪费的产品。

(5) 以珍惜动植物或者矿物资源为生产加工材料的产品。

(6) 因毒性测试或其他目的而虐待或乱捕滥猎动物的产品；

(7) 对其他地区尤其是不发达地区造成影响或者生态破坏的产品。

严格来说，上述的条款并不是对绿色消费的完整定义，但是我们却可以从中明确绿色消费的基本含义和判别标准。在实践生活中，我们在对绿色消费行为进行判断的过程中，就可以将上述几项标准作为依据。

(二) 绿色消费的特征

1. 简朴的生活，以满足人的基本需要为标准

对于简朴生活来说，其主要目标是要能够满足人们的基本生活，能够在提高人们生活质量的前提下，进行适度的消费。其中的生活质量指的是，人们在生活中所体会到的舒适与便利的程度，以及在精神上所获得的享受和乐趣。

在提倡简朴生活的过程中，要拒绝高消费，对自身的欲望和浪费倾向进行限制，对豪华、奢侈和挥霍的情况要坚决予以杜绝。在推行简朴生活中，要坚持节约的生活观念。随着市场经济的不断发展，人们的生活水平和生活质量有了很大提高，人们的消费需求也变得更为多样化。在这种情况下，对于企业来说，为了扩大市场占有率，就必须要对产品和服务的种类不断进行改进，并且提高质量水平，以此来满足市场的多样化需求，为消费者提供便利、舒适的生活，这对实现个人全面自由的发展也是极为有利的。

2. 低碳的生活，崇尚勤俭和节约

当前，温室效应已经成为世界环境遭受的巨大危机。在这种情况下，人们必须要对自身的行为进行全面的审视，逐步采用低碳经济和低碳的生活方式，并改变以往高消费的生活方式，开始转为简朴的生活。2010 年，国务院在政府工作报

告中指出："积极应对气候变化。大力开发低碳技术，推广高效节能技术，积极发展新能源和可再生能源……"也就是说，在未来经济的发展中，要转变以往的发展观念，开始转为低碳经济、低碳产业和低碳生产的经济发展方式。对于普通的民众来说，则要将低碳化作为未来主要的生活方式。

所谓的低碳生活，指的也就是一种简朴的生活方式，其追求的是低能耗、低污染，是现代健康文明生活方式的一种重要表现。对于低碳生活的全面推广，可以采用以下两种方式：

第一，在全社会范围内加强对低碳生活的宣传力度，使得人人在头脑中形成低碳生活的理念，增强人们的道德感，使每个人在生活中都能对自身的行为进行规范，切实履行个人在生态保护方面的职责。

第二，政府针对低碳生活的推广可以通过征收税务的形式进行，对于那些碳排放量较高的企业可以征收相应的碳排放税。

二、我国绿色消费的现状

自 20 世纪末期以来，随着国家对环境保护认识的逐步深入，有关促进绿色消费的政策也在逐步形成和完善。"九五"期间，我国制定并开始实施《中国跨世纪绿色工程计划》；1999 年，国家环境保护总局等 6 个部门启动了以开辟绿色通道、培育绿色市场、提倡绿色消费为主要内容的"三绿工程"；2001 年，中国消费者协会适时地将"绿色消费"确定为该年的消费主题，有力地促进了绿色消费观念的普及；2003 年，国家颁布的《政府采购法》中，正式将绿色消费的概念引入政府采购行为中；2005 年，国家出台《关于鼓励发展节能环保型小排量汽车意见的通知》，要求政府部门要引导、鼓励消费者购买和使用低能耗、低污染、小排量、新能源、新动力汽车；2006 年，财政部和原国家环境保护总局联合发布《关于环境标志产品公共机构采购实施的意见》和《环境标志产品公共机构采购清单》，进一步明确了政府部门绿色采购的原则、程序、范围等，使绿色采购活动在各级政府普遍开展。2007 年，国家发改委、中央宣传部、商务部、国家工商总局、国家质检总局、原国家环保总局联合发布《关于节约资源保护环境反对商品过度包装的通知》，要求加大力度遏制商品过度包装。下面(表 5-1)是国家对于绿色消费的部分文件表述，从中可以看出中央对绿色消费越来越重视，要求越来越明确。

表 5-1　中国绿色消费的部分文件表述

时间	文件名称	表述
2005 年 10 月	《中共中央关于制定国民经济和社会发展第十一个五年规划的建议》	强化节约意识，鼓励生产和使用节能节水产品、节能环保型汽车，发展节能省地型建筑，形成健康文明、节约能源的消费模式
2005 年 10 月	《国务院关于加快发展循环经济的若干意见》	消费环节要大力倡导有利于节约资源和保护环境的消费方式，鼓励使用能效标识产品、节能节水认证产品和环境标志产品、绿色标志食品和有机标志食品，减少过度包装和一次性用品的使用。政府机构要实行绿色采购
2005 年 12 月	《国务院关于落实科学发展观加强环境保护的决定》	在消费环节，要大力倡导环境友好的消费方式，实行环境标识、环境认证和政府绿色采购制度，完善再生资源回收利用体系
2007 年 10 月	《高举中国特色社会主义伟大旗帜为夺取全面建设小康社会新胜利而奋斗——在中国共产党第十七次全国代表大会上的报告》	建设生态文明，基本形成节约能源资源和保护生态环境的产业结构、增长方式、消费模式；必须把建设资源节约型、环境友好型社会的要求落实到每个单位、每个家庭
2010 年 10 月	《中共中央关于制定国民经济和社会发展第十二个五年规划的建议》	要合理引导消费行为，发展节能环保型消费品，倡导与我国国情相适应的文明、节约、绿色、低碳消费模式
2012 年 11 月	《坚定不移沿着中国特色社会主义道路前进为全面建成小康社会而奋斗——在中国共产党第十八次全国代表大会上的报告》	加强生态文明宣传教育，增强全民节约意识、环保意识、生态意识，形成合理消费的社会风尚，营造爱护生态环境的良好风气

在政府部门引导和带动下，绿色消费文化在我国不断推广，绿色消费得到社会各界的积极响应，绿色产品受到越来越多消费者的欢迎，很多消费者为了身体健康和生命安全，宁愿多花些钱购买绿色产品，绿色消费已不仅是当今社会消费的一种时尚，更成为 21 世纪消费的主流。中国某公益机构的专题调查显示：有71.3％的人认为发展环保产业、开发绿色产品对改善环境状况大有益处；有53.8％的人愿意使用绿色产品；还有 37.9％的人表示购买过绿色产品，如绿色食品、绿色建材、环保家电等。[①]

[①] 娄伟. 绿色经济与可持续发展[N]. 科技日报，2009-7-16.

三、生态性绿色消费发展的途径选择

(一) 建立"以人为本"的消费观

建立生态化消费观的主要目的是，保证人们的身心健康，在此基础上，来推动现代生活消费观念的发展。在生态消费的整个过程中，各项活动都是围绕着人来进行的，这是对"以人为本"的精神的集中体现。想要实现人、自然、社会，三方面的和谐发展，对科学技术力量的运用是关键，并且还要充分发挥人的主观能动性，对三者之间的关系不断进行协调，充分发挥人类的创造精神，实现生态消费的顺利推广。

资本主义社会在社会生产中，对人们的消费欲望不断进行刺激的主要目的是，榨取人们的剩余价值，对无产阶级进行全面的压制。但是对于实行社会主义的国家来说，其发展社会生产的主要目的是要繁荣社会经济，不断丰富人们的物质文化生活，促进是社会成员的全面发展。从形式上看，这两种不同的社会制度貌似没有太大的差异，但是本质上的差别巨大，因此我们在进行认识的过程中必须要对二者进行明确的区分。

(二) 加强对生态消费的引导和规制

从政府方面来看，针对生态消费行为要制定相关的法律法规，以此来对人们的生态消费行为进行引导和规定，这对可持续消费的实现就提供了制度上的保障。对于人们的不可持续消费，国家可以利用相关的政策、法规，来对人们的消费行为进行调节。大力倡导可持续性消费，为生态消费的全面普及打下良好的基础。作为政府层面，在全社会环境问题如此严重的情况下，其对于可持续性消费模式的建立具有不可推卸的责任，必须要对人们的行为进行规范，减少对环境的损害。

政府要充分发挥指导作用，对人们的消费结构不断进行优化，使人们的消费结构不仅能够满足人们的生理需求，同时还可以促进人们在体力和智力等方面的发展。需要注意的是，在对人们消费结构进行优化的过程中，必须要从当地的具体情况出发，注意不同阶层、地域之间所存在的差别，防止社会消费分层情况的出现。消费公平的实现，在很大程度上要受到分配公平与否的制约。因此，想要解决消费分层的问题，就必须要不断对当前的社会保障制度进行健全，对当前的分配制度进行改革，采用多种不同的手段来对分配制度进行调节，确保分配的公平性，对低收入者的收入和消费水平要不断进行提高。

在我国很多偏远的农村地区，经济发展水平较为落后，人们的收入始终保持在一个较低的水平。在这种情况下，作为政府来说，就必须要积极促进当地经济的发展，提高人们的收入，改善人们的生活质量，对当地的养老、医疗、保险等社会保障制度要不断进行完善，以此来保证社会消费的公平性，维护社会的和谐稳定。

第六章　绿色科技观是实现美丽中国梦的技术支撑

　　1988 年，邓小平在会见捷克斯洛伐克总统胡萨克时指出："马克思说过，科学技术是生产力，事实证明这话讲得很对。依我看，科学技术是第一生产力。" 科技对人类经济社会发展的巨大促进作用已是无可争辩的事实，然而作为人类认识和改造主客观世界的实践成果，科技的滥用也成为人们加速破坏自然生态环境的"凶器"。生态文明时代呼唤绿色技术的开发。近年来，由于中央及各级政府的高度重视，我国绿色科技取得了长足进展，但传统观念根深蒂固、科技创新能力薄弱、开发利用成本高以及缺乏标准认证体系等问题成为制约绿色科技进一步发展的瓶颈。要加强科研工作者的科技伦理道德意识，努力构建促进绿色科技发展的基础研究体系、应用研究体系和政策服务体系，为生态文明建设提供强大的技术支撑。

第一节　绿色科技的起源及科学内涵

　　文明是人类活动历史的产物，文明系统的发展与人类社会的进步息息相关。迄今为止，人类社会已经走过了原始文明、农业文明、工业文明三个文明时代，这三种形式的梯次进步不仅是在人类实践经验的基础上实现的，更重要的是伴随着人类科学技术水平不断提升的纽带而递进。然而，本来应该造福于人类的科学技术在发展进程中却偏离了原有正常发展轨道，发生了"基因突变"和异化，其产生的负面效应给人类赖以生存发展的自然生态环境带来严重破坏。人类社会的可持续发展迫切需要能够从根源上克服异化现象的绿色科技的产生和繁荣。

一、绿色科技的起源

(一) 人类科技的发展过程

1. 科学技术在原始文明时代的萌芽

在原始社会的早期，那时候的人们还没有足够的能力去开发大自然，只能顺应大自然的给予，文明处于一种蒙昧的状态，人们最大的需求就是生存。后来，随着环境的改变，人们的生存能力不断提高，人类开始利用木棍和天然的石料制成了获取食物的工具，慢慢地也学会了利用石器来捕获更多的食物。随着人类对火的发现，人类也开始了对大自然的改造和利用，它也标志着人类向文明发展的方向跨上了一大步。虽然人类获取生存资料的方式很原始，但是至少可以看到人类文明的曙光，这也是早期人类科学技术发展的早期状态。

2. 科学技术在农业文明时代的奠基

农业文明是人类对自然世界主动探索的社会体系，这种有意识的主动索取劳动成果的经济活动，使得此阶段人类文明也体现出不同于原始时代的特征，涌现了大量绚烂的科技成果，如古代埃及的几何学、医学和建筑技术，古巴比伦的天文科学和数学知识，古代印度的数码知识等，尤其是中国的指南针、造纸术、印刷术、火药四大发明成为这一时期科学技术水平高度发达的主要标志，这些影响深远、举世瞩目的科学技术成果极大的推动了农业文明时期生产力的迅速发展。

3. 科学技术在工业文明时代的腾飞

进入工业文明时代以后，人的因素开始占据主导地位，科技革命极大地促进了生产工具的进步和生产方式的变革，蒸汽机的发明、电力的运用、对宇宙空间的探索活动、核技术、信息技术、生物技术、新材料技术等的创建和发展，使人类的视野进一步拓展至宇观、宏观和微观的领域，人们利用科学技术来控制、改造甚至征服自然界的能力达到了前所未有的新高度，充分彰显了人类在这个星球的主人地位。正如马克思所惊叹："发明成了被有意识地和广泛地加以发展应用，并体现在生活中，其规模是以往的时代根本想象不到的。"

(二) 科技异化的结果

1. 科学异化的过程

"异化"一词最早来源于马克思的劳动异化理论,阐述的是人的劳动生产及其产品反过来统治人的一种社会现象。在工业文明阶段,科学技术发挥了强有力的作用,在社会的各个领域都凸显了它的力量,然而这种力量不仅包括"让生活变得更加美好"的创造力,也包括大量触目惊心的破坏力。在资本主义早期,马克思就对此进行了深刻的论述:"在我们这个时代,每一种事物好像都包含有自己的反面。我们看到,机器具有减少人类劳动和使劳动史有成效的神奇力量,然而却引起了饥饿和过度的疲劳。技术的胜利,似乎是以道德的败坏为代价换来的。……现代工业、科学与现代贫困、衰颓之间的这种对抗,我们时代的生产力与社会关系之间的这种对抗,是显而易见的、不可避免的和毋庸争辩的事实。""资本主义农业的任何进步,都不仅是掠夺劳动者的技巧的进步,而且是掠夺土地的技巧的进步,在一定时期内提高土地肥力的任何进步,同时也是破坏土地肥力持久源泉的进步。一个国家,例如北美合众国,越是以大工业作为自己发展的起点,这个破坏过程就越迅速。" 本是人类的创造物并为人类服务的科学技术,却在人类改造客观世界而满足发展需要的过程中,出现了有悖于发展科学技术预期和目的的结果,导致科学技术以相应的反作用统治人、压抑人、控制人,甚至严重威胁人类生存和发展,它不但不是"为我的",反而是"反我的",我们将科学技术产生这种异己性力量的现象称为科技异化。

2. 科技异化对自然环境的影响

"异化"的科技对自然生态环境的负面影响举不胜举:先进的开采技术出现后,很多地方出现了过度开采的情况,导致资源不断流失,已经不能再良性循环的发展下去,水土流失十分的严重;先进的交通工具和捕杀方法的产生,导致了很多稀有动物濒临灭绝,生物的生存环境遭到破坏,很多生物的种类也已经消失,大规模的生态平衡被破坏;工业生产、空调、汽车尾气和人们生活中排放大量的二氧化硫、二氧化碳、氮氧化物、碳氢化合物、氯氟烃等有毒有害气体物质进入大气层中，导致臭氧层空洞、地球屏蔽作用减弱、瘟疫频发、全球变暖，毒雾、酸雨、旱涝灾害、风暴海啸等极端事件时有发生；工业和生活污水的不合理排放导致水资源严重毒化、大量水生动植物物种灭绝或突变；不合理的耕作制度，乱垦滥伐，大量化肥、农药、除草剂等的使用，不仅杀死了害虫，也同时杀死了对人类有益的昆虫，"寂静的春天"成为常态；局部或全球性战争大量使用生化武器或者狂轰滥炸而导致空气和水土污染，使得周围数百公里的地域不再适宜人类生存，基因突变的事例频见报端；大坝、水库等失当的人工工程对附近的自然生态和地质环境造成潜在的严重威胁。

二、绿色科技的科学内涵

绿色科技从它是根源于可持续发展的需要而成为与生态文明相结合的科技形式而言，具有以下三个方面的特征：

(一) 实际应用的高效性

科技只有应用于具体产业才能转化为实实在在的第一生产力，尤其是面临人口、资源、环境矛盾日益突出以及节能减排任务依然艰巨的现实情况，绿色科技的研发绝对不能仅仅停留在口号上、文件中、书本里和实验室，必须实现产业化、市场化，使之渗透于国民经济生产生活的各行各业，因此，绿色科技是具有很强应用性的科学技术，是要在市场中接受检验的，否则，因无法操作、使用成本过高等因素而不能应用于生产生活的科技，我们无法判断其是否对污染防治、生态修复和资源合理利用起到实际效果，自然也无法将其定性为绿色科技。总之，绿色科技要实现生态效应、经济效应和社会效应三者的统一，实现社会、经济和环境共赢的目标。

(二) 保护环境的生态性

相比传统科技完全站在人类的角度将自然环境作为"取料场"和"垃圾场"的价值取向，绿色科技是从人与自然和谐的角度来思考问题，其基本出发点是既要持续发展社会经济，又要极力避免对生态平衡的危害和对资源的滥用。绿色科技充分考虑自然环境的承受能力，力求达到低消耗、高产出、自循环、无公害的要求，是一种"无公害化"或"少公害化"的技术；绿色技术对废弃物进行资源再利用，注重污染的治理消除和生态系统的修复；绿色技术注重防患于未然，从源头做起，对生产工艺、制造技术和产品材料进行重新设计，确保生产过程的无污染和低能耗，以及终端产品的无毒性和可回收性，多层面、多角度、全方位实现生产、流通和消费的全过程生态化。

（三）预期影响的全面性

新科技产生后，往往会引发多种效应，如环境效应、经济效应、社会效应等，这些效应产生的综合影响是复杂、滞后和隐性的，因此对某项科技的评价不能只看其表面的、短期的经济效应，而应树立全面的、联系的、长远的战略眼光，尽可能地考虑到其对人类社会和生态环境的深远影响，比如有些农药治病杀虫的性能卓越，经济产出效益也很明显，但如果这类农药毒性高、有致基因突变或物种消灭的风险，那么它就不是绿色技术和产品，必须寻找替代技术与产品。关于科技影响的一个经典案例就是 DDT 的发明和使用，DDT 是一种广谱杀虫剂，药效高，由于它的使用，害虫剧减，农业产量得到了很大提高，DDT 的发明者米勒也因此获得 1948 年的诺贝尔奖，但具有高度稳定性的 DDT 难以降解而积累于生物体内，彻底改变了人类与自然世界的关系，不但危害其他有益的动植物，也严重危害人类身体健康。今天 DDT 虽然已经被禁用，但对它的认识却经历了长期而艰难的过程，这给我们今天发展什么样的科学技术以及如何判断绿色科技留下深刻思考。

第二节　中国当前绿色科技的发展现状

自进入 21 世纪，尤其是党的十六大以来，在科学发展观和生态文明建设思想的指导下，中国高度重视资源的开发与综合利用、生态环境保护以及其他与社会发展直接相关的绿色科技的发展，连年增加对绿色科技研发的人力、财力和物力投入。

一、中国绿色科技发展取得的成就

中央政府颁布了多部指导绿色科技发展的详细计划,如《可再生能源发展"十二五"规划》、《煤炭工业发展"十二五"规划》、《节能中长期专项规划(2006~2020)》等,各级地方政府也相继出台了科技规划,明确了重点发展的绿色科技项目。这些政策和规划的出台及实施为我国绿色科技的发展提供了重要保障,我国对绿色科技的认识不断深化,绿色科技发展的层次逐步提高。

(一)在污染防治技术方面

"三废"净化处理能力得到显著提升,减排效果明显,如表6-1所示。

表6-1 2011~2017年我国"三废"治理成效

	2011年	2012年	2013年	2014年	2015年	2016年	2017年
工业废水排放达标率	88.3	89.2	90.7	91.2	90.7	91.7	92.4
工业二氧化硫排放达标率	70.2	69.1	75.6	79.4	81.9	86.3	88.8
工业烟尘排放达标率	75.0	78.5	80.2	82.9	87.0	88.2	89.6
工业粉尘排放达标率	61.7	54.5	71.1	75.1	82.9	88.1	89.3
工业固体废物综合利用率	51.9	54.8	55.7	56.1	60.2	62.1	64.3
工业固体废物处置率	17.1	17.5	22.1	23.2	27.4	23.4	26.4
"三废"综合利用产品产值	385.6	441.0	573.3	755.5	1026.8	1351.3	1621.4

(二)在能源消耗方面

我国2016年各地区单位国内生产总值能耗降低率如表6-2所示。

表 6-2　2016 年我国各地区国内生产总值能耗降低率

地　区	万元地区生产 总值能耗上升 或下降(±%)	能源消费 总量增速(%)	万元地区生产 总值电耗上升 或下降(±%)
北　京	-4.79	1.6	0.36
天　津	-8.41	-0.2	-7.39
河　北	-5.05	1.4	-3.75
山　西	-4.22	0.1	-1.00
内蒙古	-4.06	2.8	-4.39
辽　宁	-0.41	-2.9	5.32
吉　林	-7.91	-1.6	-4.20
黑龙江	-4.50	1.3	-2.71
上　海	-3.70	2.9	-1.01
江　苏	-4.68	2.7	-0.95
浙　江	-3.82	3.4	1.43
安　徽	-5.30	2.9	0.71
福　建	-6.42	1.5	-1.96
江　西	-4.93	3.6	-0.22
山　东	-5.15	2.0	-2.09
河　南	-7.64	-0.2	-3.95
湖　北	-4.97	2.7	-2.05
湖　南	-5.34	2.2	-4.28
广　东	-3.62	3.6	-1.73
广　西	-3.64	3.4	-5.14
海　南	-3.71	3.5	-1.35
重　庆	-6.90	3.0	-5.14
四　川	-4.98	2.4	-2.09
贵　州	-6.96	2.8	4.29
云　南	-5.35	2.9	-9.80
西　藏			
陕　西	-3.83	3.5	1.85
甘　肃	-9.42	-2.5	-9.93
青　海	-7.94	-0.6	-10.29
宁　夏	-4.30	3.5	-6.55
新　疆	-3.20	4.2	0.

(三) 污染物排放方面

我国大中型企业的排放指标和部门行业的排放指标都已经达到了国际先进水平，各项指标稳步下降如表 6-3。

表 6-3 "十二五"期间我国排放指标变化状况

指标	单位	2010 年	2015 年	变化幅度渡化率
工业化学需氧量排放量	万吨	355	319	-10%
工业二氧化硫排放量	万吨	2073	1 866	-10%
工业氨氮排放量	万吨	28.5	24.2	-15%
工业氮氧化物排放量	万吨	1637	1 391	-15%
火电行业二氧化硫排放量	万吨	956	8 00	-16%
火电行业氮氧化物排放量	万吨	1 055	750	-29%
钢铁行业二氧化硫排放量	万吨	248	1 80	-27%
水泥行业氮氧化物排放量	万吨	170	1 50	-12%
造纸行业化学需氧量排放量	万吨	72	64.8	-10%
造纸行业氨氮排放量	万吨	2.14	1.93	-10%
纺织印染行业化学需氧量排放量	万吨	29.9	26.9	-10%
纺织印染行业氨氮排放量	万吨	1.99	1.75	-12%

二、我国绿色科技发展的不足

(一) 技术工艺落后，缺少自主研发能力

日本、德国等发达国家在绿色技术研发方面已经有几十年的经验积累，占据明显优势，并开始应用这些技术优势形成绿色贸易壁垒，而我国科学技术研究开发还没有完全树立绿色理念，核心技术方面还缺乏竞争力，关键技术瓶颈凸显，在大规模的生产工艺设计、系统集成技术方面与国外的先进技术相比来说，还存在一定的差距。

国内市场急需、高效节能的成套环保设备和核心部件基本依赖进口，对花巨资购买的技术装备又未能充分诱发技术扩散，缺乏有效的消化、吸收和再创新。我国绿色技术的科研力量相对薄弱，研究与开发类型也主要集中在试验性、改进型发展领域，缺乏领军型的创新平台开展共性技术的研发，拥有自主知识产权、

核心竞争力、市场份额大、具有系统集成和绿色技术研发能力的企业寥寥可数，很多具有环保技术研发和推广应用的企业规模很小，而且企业的技术得不到认证和认可，企业出现亏损，无法正常经营。

(二) 标准认证体系不完善

绿色技术是生态文明发展中的新兴技术，对于新技术用以前的传统标准进行评价就显得十分不合理，虽然这几年国家也出台了一些关于新能源汽车、绿色建筑等方面的有关规定，但是这些也只是针对新能源汽车的技术测试、安全性能方面的基本规定，对于新能源汽车的电池、充电桩标准这些重要的部件没有任何的标准。所以绿色技术的标准认证体系不够完善，很多的认证制度没有建立，更不能形成完整的技术服务体系。所以这些必然影响绿色技术投资的分散性、盲目性和短期性，也影响了绿色技术的产业化规模的发展。

(三) 技术落后，环境应急监测不足

我国绿色科技的层次不高，主要集中于末端治理，至于源头控制技术、终端产品的回收技术、环境应急监测技术等方面几乎还处于起步阶段，表 6-4 是中国高耗能产品能耗的国际对比，可以看出，在资源节约技术方面我国与世界先进水平存在不小的差距，且近年来还呈现继续拉大的趋势。

表 6-4　2016 年中国高耗能产品能耗的国际对比

		中国				国际先进	2007 年差距	
		2000	2005	2006	2007		能耗	+%
煤炭生产电耗	kWh / t	30.9	26.7	24.4	24.0	17.0	一，	41.2
火电发电煤耗	gce / kWh	363	343	342	333	299	34	11.4
火电发电煤耗	gce / kWh	392	370	367	356	312	44	14.1
钢可比能耗	Kgce/t	784	714	676	；668	610	58	9.5
电解铝交流电耗	kWh / t	15480	14680	14671	14488	14100	388	2.8

续表

		中国				国际先进	2007年差距	
		2000	2005	2006	2007		能耗	+%
铜冶炼综合能耗	Kgce/t	277	780	729	610	500	110	2.0
水泥综合能耗	Kgce/t	181	167	161	158	127	31	24.4
平板玻璃综合能耗	Kgce/重量箱	25	22	19	17	15	2	13.3
原油加工综合能耗	Kgce/t	118	114	112	110	73	37	50.7
乙烯综合能耗	Kgce/t	1125	1073	1013	984	629	355	56.4
合成氢综合能耗	Kgce/t	1699	王650	1581	1553	1000	553	55.3
烧碱综合能耗	Kgce/t	1435	1297	1248	1203	910	293	32.2
纯碱综合能耗	Kgce/t	406	396	370	363	310	53	17.1

第三节　构建绿色科技体系，推进美丽中国梦的实现

马克思很早就指出："科学技术是最高意义的革命。"新的绿色科技创新不仅仅是技术的升级和换代，更是对人类发展理念、社会技术支撑体系和市场需求的变革。绿色科技创新引领和支撑着人类的生态文明建设。

一、选择合适的自主创新技术路线

要满足建设生态文明的技术要求，要么大量从发达国家进口技术，要么着力提高自身的技术创新能力。对于前者，由于发达国家都将生态文明技术水平作为未来国家核心竞争力来看待，故很难从发达国家大规模进口技术，尤其是关键技术，即便能进口，也代价高昂。这意味着，作为未来国际科技竞争的重要领域，中国生态文明技术的进步和发展必须走以自主创新为主、应用性创新为主的道路。

当前，要根据国情国力、发展战略目标以及核心发展诉求选择合适的技术创新路线。首先，中国的核心发展诉求是以人为本，改善民生。发展和应用生态文

明技术，长期来看，显然是符合这一核心诉求的，短期内也可以创造一些新的就业机会，但在较短的时期内，其对相关产业的发展及就业也会产生潜在和现实冲击。这就需要选择合适的技术路线，统筹兼顾，趋利避害。其次，中国仍是一个处于工业化中期阶段的发展中国家、中国一次能源消费中煤炭消费量仍高达60%，中国科技水平与国际先进水平仍有相当大的差距等等现实，决定了中国必须优先发展急需应用领域的技术，力图形成合力，重点突破。再次，中国的技术路线应能够与中国仍在实施的"三步走"战略目标和全面建设小康社会的目标相契合。中国很难像美国那样全面发展，齐头并进，即便像英国、法国、德国、意大利、日本等发达国家也只是有所侧重的选择发展方向。这也意味着，发展生态文明技术也应该像建设生态文明一样，分阶段、分步骤推进，应该在不同发展阶段选择不同的技术路线。

具体来讲，中国可以根据自身的能源结构特点，侧重从煤炭、石油等常规能源的清洁化、节能化等领域寻求应用性的技术突破，以在现有能源结构框架内实现能效提升和减排。同时，在核电、风能、生物质能等清洁能源技术方面，发挥自身优势，抢占技术创新的制高点。

很多技术能够不断创新首先要建立相关技术的标准。有了标准，才有技术发展的方向，比如，在2010年国家工业和信息化部公布了汽车产业技术进步和技术改造的新动态，适当地降低了部门技术的门槛。在以前，纯电动车规定的最高时速不能低于100公里，而现在下调到80公里，车载充电时间由原来的最高5小时，调到了最高7小时。这些看起来微小的变化，其实给很多企业带来了希望，也给电动车的商业化带来了利好，推动了电动车的发展。

具体到每一种具体技术，也需要根据技术创新和产业化规律，完善技术创新路线。以LED技术和产业为例，除了LED芯片、封底材料技术、衬底剥离工艺技术、新型白光照明技术核心技术研发以外，还需要集中开发灯具设计、光学设计、驱动电源(LED背光、LED汽车照明)、通用照明等下游应用，以及器件封存、新型封装结构、散热设计等中游技术和产品，形成一个完整的技术和产业化链条。

二、培养绿色科技意识

意识是行动的先导。因而，要促进生态文明的科技事业的发展，首先必须培养生态科技意识。作为一种重要的生态意识，生态科技意识就是指科技工作者在科技研发中践行生态理念的意识。在传统意义上，科学技术是用来征服并改造自然的。在这种科学技术的肆虐下，生态失衡与环境污染状况日益严重，人们不得不转变传统的科学意识，形成有利于保护生态与环境的生态科技。这就要求广大科技工作者在日常的科技研发之中要勇于承担生态责任，将生态理念融入具体的工作实践中。同时，政府对科技工作者应进行必要的监督，在科研经费拨付中应增加生态项目，对有利于生态保护的科学技术发明予以重奖，以激发科技工作者在进行生态科技研发中的积极性。同时，广大群众作为消费者也应该形成绿色消费的生活方式，注重对生态科技产品的消费，拒斥易于对生态环境造成破坏的产品的消费，以引导低碳产业的形成，从而从根本上奠定引发科技工作者确立生态科技意识的经济基础。

三、绿色科技创新引导市场需求

化解生态危机不仅需要生产模式的转变，更需要在消费模式上进行革命性的转变，需要消费者树立绿色消费观，形成一种环境友好、可持续的消费模式，即生态文明建设下的绿色消费观和绿色消费模式。绿色消费观主要的宗旨是提倡消费者需要培养自己的合理消费行为、健康的消费心理和高尚的消费道德，并且通过这些消费方式的改变来引导生产模式的改变，促进生态产业发展的消费理念。绿色消费观和绿色消费模式的建立，决定了消费者在消费过程中有意识地选择和使用利于自身和公共健康的绿色产品。绿色科技创新会为市场带来大量物美价廉、品种多样的绿色产品，以满足日益高涨的绿色消费需求，提高人民的生活质量和品位。

四、加快科技成果转化

所谓科技成果转化，就是指将具有创新性的技术成果从科研单位转移到生产部门，使新产品增加，工艺改进，效益提高，最终经济得到进步。目前，促进科技成果转化、加速科技成果产业化，已经成为世界各国科技政策的新趋势。然而，我国科技成果转化的现状还不尽人意。据统计，目前我国科技对经济的贡献率仅为 39%，而美国、日本、芬兰等 20 多个创新型国家的科技对经济的贡献则高于 70%；我国高校每年取得的科技成果真正实现成果转化与产业化的不到 1/10。为了扭转这一状况，就必须充分发挥各相关主体的积极作用，做到如下几点：其一，政府要充分发挥引导作用，制定相应的政策，大力支持企业建立自己的科研机构，着力于改变我国长期形成的科技与经济相分离的局面。其二，企业要不断提高自身科技成果转化主体意识，勇于担当科技成果转化和推广过程中的主体责任，积极参与科技成果转化，力求科技成果应用于产品开发和发展生产之中。其三，高等院校、科研院所等科研单位作为科技成果的供给主体，要担当起基础研究、应用研究以及高新技术产业化的重任，为社会提供更多的高新科技成果。其四，各种科技中介服务机构要积极介入技术市场化的全过程的各阶段，加强沟通技术供给方与需求方的联系，为技术进入市场提供便捷的渠道。

第七章 生态社会观是实现美丽中国梦的社会保障

生态文明建设的核心指导思想是生态文明观，在生态文明观的引导之下，人们在符合自然规律的环境中，对自己的行为进行约束，为生态文明社会的实现提供有效的保障。在生态文明社会的建设当中，我们可以从城市、乡村两个角度对生态文明社会的建设进行认识与分析。推进城市生态文明建设与农村地区生态环境建设，具有十分积极的社会意义，是一场涉及各个领域的综合性社会改革。国家和政府在生态文明的建设中要仅仅抓住城市建设与农村建设这两个要素，坚定不移的进行社会主义生态文明建设。

第一节 建设生态文明城市

环境是人们对城市面貌的第一印象，作为城市发展的空间与资源依托，环境为城市的发展提供了有效的物质载体与外部支持。城市发展过程中需要从环境中获取必要的发展资源与发展空间，但要一定要注意对环境的保护，才能保证城市发展的均衡性与科学性。

一、生态文明城市

生态文明城市是在生态文明价值认知之下形成的一种城市发展与建设思路，也是当前一些城市改变资源逐渐枯竭、生态环境逐渐恶化的重要思路。生态城市的建设涉及生态环境学、城市学、人类学、交通学、建筑学、管理学以及经济学等多种知识，生态城市的理念的提出与实施体现了人类对新型城市模式的探索，具有非常重要的意义。从未来的发展来看，随着工业城市各种环境问题的逐渐显现，人们会将城市建设与改造的核心寄托在生态城市的建设上，生态城市的建设是人类面向未来发展的一次伟大探索。

(一) 生态文明城市的内涵

关于生态文明城市的概念，由于提出的时间和社会背景有所差别，因此人们对生态文明城市概念的认识有所从不同。在这里我们从以下几个角度出发对生态文明城市的主要内涵进行分析与理解。

1. 生态文明城市是人类文明发展的新模式

(1) 生态文明城市建设是城市发展的必然历史过程。

生态文明城市理念是生产力与技术发展到一定阶段之后产生的，有充足的物质基础与技术基础。 工业社会的发展成果与生态文明城市建设有密不可分的联系，生态文明城市应该充分吸收和借鉴工业的先进技术与理念。

(2) 居民的生态文明化是真正的城市生态文明的标志。

生态文明城市不仅仅是城市面貌、发展模式的生态化，同时代表人与自然关系的和谐化以及居民生活生态化。城市居民是城市的基本要素，也是生态文明城市建设的核心力量，城市居民的生活习惯和环境理念对生态文明建设具有重要的意义。

2. 生态文明城市建设是一个复杂的综合性系统

生态文明城市是由经济系统、生态系统、文化系统、城市建设系统等多个子系统构成的综合体。在生态城市建设过程当中，我们要本着城市功能系统均衡布局、人与自然和谐相处的基本原则，对不同城市系统之间的关系进行平衡，保证生态文明城市建设的稳步推进。

3. 生态文明城市建设建设是一个循序渐进的过程

从城市发展的角度来说，生态文明城市是城市发展的高级形态，是未来城市发展的基本方向，也是促进人类文明与社会进步的重要手段。生态文明城市建设是一个复杂的工程，在漫长的城市建设与改造过程中，我们要以发展的眼光看待生态文明城市建设，解放思想、实事求是，保证生态文明城市建设的目标顺利实现。任何事物都在不断发展变化，生态文明城市建设没有尽头，随着新生态理念和环保科技的产生，生态文明城市建设必然会呈现出不同的发展特点，生态文明城市的建设者要做好应对各种困难的准备 。

(二) 生态文明城市的特征

1．全面性

城市的进步与发展应该注重发展的综合效益，使城市发展的经济效益、生态环境效益、社会文化效益得到有力的保障。生态城市建设的目标是实现城市全面发展，生态环境优美是生态城市给人的最直观视觉感受，也是生态城市建设的重要组成部分。除此之外，城市文明发展过的程中，居民素质的提升、文化品位的塑造以及社会生活的丰富都是我们必须考虑的问题。

2．和谐性

生态城市发展的和谐性体现以下几个方面：

(1) 社会、经济和自然系统自身的和谐。

生态文明理念当中社会、经济与自然是开展生态文明建设的重要因素，在进行生态城市建设的过程中，各个要素内部之间要保持和谐。社会和谐是人与人之间的和谐，也是所有因素中最为重要的一环；经济和谐是指经济发展要具备符合社会发展要求的生态性；自然要素之间的和谐是指自然系统能够通过自身的生态修复作用，维持生态平衡与环境稳定。

(2) 生态文明城市的和谐性还体现在各子系统之间的和谐。

首先，人与自然之间的和谐。人与自然之间关系的协调性是建设生态文明社会的重要保障，也是生态文明城市建设对人与自然关系的基本要求。人与自然的和谐相处，有赖于生态文明生活理念的树立。

其次，经济与社会发展之间的协调。经济与社会发展之间的和谐是人类文明进步的重要推动力量，也是生态文明时代人类社会发展的基本思路。经济与社会发展之间的协调要求在经济发展的过程中，充分考虑现实条件，追求符合当前需求的经济发展速度。

最后，经济与自然的和谐。这一关系对经济发展的形式进行了强调，在生态文明发展理念之下，经济的发展要注重生态环境效益，不能以牺牲环境为代价换取经济的发展。

生态城市建设的协调性与统一性，体现在生态文明城市建设的各个方面，在实际建设过程当中，一定要进行全面的规划。

3．高效性

生态文明城市的高效性我们可以从以下三个方面来进行说明与理解：

(1) 资源利用的高效性。

生态文明城市对于资源的利用效率有很高的要求。当前很多企业都存在资源浪费的现象，在生态文明城市的建设要通过新技术的应用提高这些企业的资源利用效率，实现物质资源的高效利用。

(2) 高效的生态经济。

生态城市建设的核心理念就是生态文明观。在生态城市建设中，要不断调整经济发展策略，优化经济结构与发展模式，将高效益、低污染的高附加值产业作为重点扶植对象。生态城市建设要坚持马克思主义生态文明观，结合我国的具体国情，构建现代生态城市经济发展的新模式。

(3) 社会管理高效性。

生态城市的建设包括对城市居民素质的提升。城市居民综合素质的提升，使社会运转的效率得到了保障，人们能够在专业、高效的社会环境下生活、工作与学习。

4．区域性

城市作为区域发展的经济辐射中心和文化传播中心，其规划与建设要与周边地区的发展特色结合起来，打造特色城市集群，这样做的原因主要有以下两点：

(1) 城市生态系统与区域生态系统不可分割。

生态城市理念下打造的城市生态系统和谐的存在与于自然界之中，与周围的环境要素和生态特点融为一体。城市生态系统作为区域自然生态系统的一部分，在构建过程中要充分考虑区域整体环境特点，科学合理布局，将城市生态系统与区域环境有机结合起来。

(2) 城市社会文化系统与区域社会文化系统不可分割。

生态文明城市的打造必须重视文化建设。城市是区域文化中心，但从根本上来说城市文化不能囊括区域文化的所有要素与特点。因此在建设生态文明城市，打造特色区域文化时，要充分考虑区域文化的特点，综合各方要素打造独具特色的生态文明城市。

5．人文性

人的作为生态文明建设中最重要的因素对生态文明城市的建设有着重要的影响。意识会影响人的行为，因此生态文明城市的建设会受到建设者思想认识与文明理念的影响，生态文明城市的建设的人文性我们不能忽略。生态文明城市的人文性主要体现在三个方面：

(1) 创造适宜空间。

城市的作用是为居民提供生活、工作、娱乐的空间，为居民的各种活动提供不同的服务。居民在城市生活的幸福指数，与城市生活空间的适宜性有很大的关系，生态文明城市的建设要打造人性化的空间，为居民创造优美的城市环境。

(2) 要体现人文情怀。

生态文明城市不仅仅要有优美的自然环境，舒适的生活空间，还要具备高素质的城市居民。居民之间和谐的人际关系能够为城市发展的稳定性提供可靠的保障，并且体现生态城市的人文情怀。

(3) 体现公众参与。

每个社会群体对城市的建设期望都不同，在生态城市建设的过程当中，要广泛征集广大市民的意见，把各种有益的城市建设意见进行整理，体现在城市建设过程当中，从而最大限度的满足不同城市群体的生活与工作需求，打造共同的美好家园。

（三）生态文明城市的内容

1. 城市生态理念文明

生态文明建设的前提是在全社会树立生态文明理念，形成高度的生态文明自觉性。生态文明的理念是先进文明理念的代表，人们对生态文明理念的认可代表了人们追求进步的基本态度。一般来说，生态文明理念我们可以从以下三个方面来进行认识与理解：

(1) 生态文明理念是进步的思想理念。

生态文明理念的产生是人类在为粗放型经济发展付出巨大代价之后形成的思想认识，具有很强的真理性。

(2) 生态文明理念是一种科学的生态观念。

人类文明的进步使得人们对世界的认识更加清晰，生态环境之于人类发展的意义已经被无数的事实所证明。生态文明理念是人们在对自然界客观规律有一定认识之后形成的一种生态认识，具有很强的科学性。

(3) 生态文明是一种自觉的道德追求。

生态文明作为一种进步的思想理念与科学认识，对于人类未来的发展具有重要的意义。生态文明之所以能够作为一种道德追求被人们认可，是因为生态文明理念对未来发展的保障实际上强调了当代人对子孙后代的责任。生态文明理念认为当代人不能为了当前的利益损害人类未来的发展，这样做既是对自己的不负责任，也是对社会发展和人类进步的不负责任，做到这一点需要高度的自觉性与责任感。

2. 城市生态经济文明

(1) 依托产业基础，培育优势产业。

第一，加大科技投入。

科学技术作为促进生产力发展与进步的第一推动力，在环境保护领域具有同样的作用。通过新技术的研发与应用，可以有效地提高城市能源的利用效率，减少各种废弃物与污染物的排放，有效地节约资源保护环境。

第二，促进产业集群化发展。

在城市的发展程中会有大量的企业参与到城市建设中来，对这些企业进行布局时要以城市建设的基本思路为依据，集中布局。企业聚集会形成聚集效应，产业聚集是经济发展过程中一个常见的现象，在区域经济发展的过程中必然会出现。从世界范围内来看，产业聚集区大量存在并分布于各个国家。生态产业作为经济发展中的新型产业，发展潜力巨大，但由于发展时间较短，产业链条不成熟，还未出现大规模聚集现象，未形成明显的聚集效应，不过随着生态经济的发展，企业聚集必然会越来越普遍。

(2) 调整产业结构，发展第三产业。

从我国当前第三产业发展的总体状况来看，与发达国家相比其在国民经济中所占据的比重较小，我国第三产业的发展仍存在巨大的潜力。在未来的发展中，我们要给予第三产业更多的支持和关注，缩小我国第三产业与发达国家之间的差距。随着我国各界人士对第三产业重视程度的不断加深，国家第三产业基地和国家第三产业示范基地的建设数量也在不断增加。当前，第三产业各门类正在朝向协同融合的方向发展，产业组织形态更加丰富，产业结构也呈现出逐渐合理化的趋势。以体育产业为例，随着人们对体育产品和服务的需求不断增长，第三产业迎来了良好的发展契机。在体育和健身热潮的影响下，一大批体育服务企业发展了起来，这些企业既有具备国际影响力的龙头企业，也有众多富有创新活力的中小企业，大量体育社会和服务组织也纷纷出现，并逐渐形成了一批具有鲜明特色的第三产业集群。

(3) 结合本地实际，发展生态产业。

农业是基础性生产部门，土地、水、气候以及自然资源对农业生产具有很重要的影响。20 世纪以后，人类进入网络时代，科学技术的发展日新月异，人类对自然环境的影响越来越大，比如全球气候问题，土壤荒漠化、沙漠化，生物多样性遭到破坏等。从这些环境问题产生的根源来看，人类的生产活动是最主要的因素之一。面对严峻的环境形势我们有必要采取行动，保护自然环境，保护人类赖以生存的家园。农业的发展决定着人类的基础生活水平，随着人们对农业的认识越来越全面，在严峻环境形势的影响下，各国纷纷出台农业发展政策，减少农业发展对环境的影响。

农业环境在是一种综合性的环境系统，它既包含自然环境要素，又受到人类活动的影响，具有很强的社会特征。在农业生产中人们为了提高农作物的产量，经常会采取种植单一作物的方法来达到目的，这种做法虽然没有破坏植被和自然环境，但对生物系统的多样性造成了影响，使农业生态系统的稳定性遭到破坏。此外，为了追求生产效率，人们大量使用杀虫剂、化肥等生产资料，农作物的产量得到了提高，但化学药品和肥料进入农业生态系统会对农业生态系统的自然运转产生很大的影响。化肥、农药的使用使得农作物产品的安全品质受到影响，此外还会对土壤造成破坏，从长远来看化学药品和化学肥料的使用对农业可持续发展的影响是消极的。

农业生态环境保护可以促进经济的可持续发展，改善农业生态环境。农业生态保护能够提升人们的生活品质，确保食品安全，为农业经济的可持续发展提供动力。想要更好地改变生态农业环境，就要确保人民群众有非常强烈的环境保护意识，让人民群众认识到环境保护的重要性。保护农业生态环境，要从最根本上对导致农业生态环境出现问题的原因进行剖析，采取合理的措施对其中的问题进行处理，保护农业生态环境，为农业可持续发展提供保证。

二、在新型城市建设中推进生态文明建设

(一) 加强城市环境的治理工作

1. 积极规划城市发展

对城市的规划与建设要把握以下三个基本建设要求：

(1) 尊重城市环境及资源容量。

环境具有一定的承载能力，人类活动对于自然环境的影响如果在自然环境的压力承受范围之内，自然环境会进行自我修复。从这个角度来说，我们在对城市进行规划与建设的过程中，一定要考虑自然环境的承载能力，对于城市自然资源和环境的容量进行科学评估，并以此为依据对城市的规划与建设进行科学的衡量。

(2) 提高城市基础设施建设的生态标准。

城市的基础设施是城市居民日常生活与工作的重要设施，其利用效率远高于其他城市设施。在基础设施建设上，不仅要保证基础设施本身的环保性，还要注重基础设施的建设的环保性，为生态城市的建设提供支持。

(3) 制定完整的生态与环境保护制度。

在生态城市的建设中要完善生态保护与治理措施，根据谁受益、谁治理的基本原则，建立一整套从污染到治理的制度体系，维护城市发展的生态利益，促进城市发展的进步。

2．调整城市产业结构

城市发展结构的转变是建设生态文明的必然要求，在城市建设的过程中通过对产业结构、城市布局等发展要素的调节，实现生态文明城市的建设，为实现"两型社会"打下坚实的基础。

(1) 选择循环经济发展模式。

循环经济是一种新型的经济发展模式，具体来说是指经过技术改造对生产过程中产生的污染或者废弃物，通过回收加工进行资源化利用的一种经济发展模式。循环经济能够大幅提高资源的利用效率，对于生态文明城市的建设具有重要的促进作用。循环经济是指按照清洁生产要求即减量化、再利用、资源化原则，对物质资源及其废弃物实行综合利用的经济过程。

在发展循环经济的过程当中我们要注意以下几点：

第一，循环经济与生态文明建设的价值追求高度一致，因此在发展循环经济的过程中，可以充分借鉴生态文明建设的经验，并在生态文明理念的引导下为生态文明城市的建设提供保障。

第二，循环经济的发展必须要减少资源的利用、提高资源的利用效率并对生产的废弃物进行回收。这三个要素在发展循环经济的过程中非常重要，因为缺少任何一个要素，循环经济的发展都会受到影响，三者是相辅相成、相互促进的关系。

第三，发展循环经济要建立完善的资源回收与再利用系统，这是循环经济生态性的最根本保障，也是循环经济生态效益的基本保障。

第四，要科学理解循环发展模式与经济发展之间的关系，分清主次，不能因为对循环发展模式的追求而放弃经济的发展。

(2) 大力发展高新技术产业。

高新技术产业是依靠技术研发与应用可以实现企业效益的提升,高新技术企业能够以较小的资源消耗产生更多的经济效益,有效降低经济发展对资源的消耗和对环境的污染。发展过程中我们要充分尊重高新技术产业发展的规律,采取切实的措施促进高新技术产业的发展,具体来说我们可以从以下两个方面入手:

第一,充分发挥政府的作用。在美国、日本、新加坡等国家,政府对高新技术企业的发展给予充分的帮助与扶持,在高新技术产业的发展与繁荣过程中发挥了重要的作用。我国要充分吸收与借鉴这些国家的有益经验,充分发挥政府与政策引导对高新技术企业发展的促进作用。政策的引导为高新技术产业的发展提供了很好的指引,除此之外还要充分利用经济手段对高新技术企业的发展进行帮助,比如调整税收政策,对高新技术领域的高新技术企业给予收税减免等。高新技术产业的发展与繁荣并不是靠一个方面的措施实现的,多种要素共同作用形成的合力是引导与促进高新技术企业发展的最终力量。在我国高新技术企业发展的过程中,要根据高新技术企业产品特点,给予相应的保护,尤其是高新技术企业产品与进口产品的竞争中,要给予一定的帮助。

(3) 重视企业创新意识的培养。

在企业进行技术创新与研发过程当中,要形成一种良好的创新氛围与创新环境,这种氛围不仅体现在对技术研发人员的尊重上,也体现在对他们成果的尊重与认同之上。在技术研发与创新过程中的大部分时间,技术创新人员面临的是失败,企业一定要给予这些科研人员足够的信任与耐心,让他们感受到创新的决心,使他们更加坚定的朝着目标前进,不被暂时的失败所困扰。企业要建立创新制度奖励机制,对敢于创新、敢于尝试的员工给予一定的奖励,这种奖励可以是精神上的,也可以是物质上的。此外,要重视员工个人素质的提高,对员工进行定期的培训,使他们能够更好地在工作中履行自己的职责。

3. 建立绿色信贷制度

在企业信贷上，要与绿色经济和生态文明建设挂钩，建立绿色信贷制度，逐渐为生态文明城市建设提供可靠的绿色资本市场。绿色信贷的制度的建立要考虑多方面的因素，需要注意地方主要有以下三个方面：

(1) 严格遵守法律及相关制度的要求。

绿色信贷制度的形成必然会有法律或者相关制度的文件规定，在执行绿色信贷过程中，要严格遵守法律或者相关制度的要求，尤其是绿色信贷制度的核心内容与要求，即保证城市发展的生态效益。

(2) 建立严格的资金管理与监督制度。

在绿色信贷的资金审批与资金的应用上，有关的部门要按照相关文件的要求对企业绿色信贷资金的申请资格以及资金的应用进行监督，保证绿色信贷资金能够保证使用的效果。

(3) 完善环保部门与金融部门的互动机制。

在生态城市建设与绿色信贷制度体系当中，环境保护部门与金融部门是两个重要的功能机构，环境保护政策的落实、信贷资金的来源与审批都离不开这两个部门。在实际操作中环保部门与金融部门联合建立信贷的审批标准，对于生态保护条件不成熟的企业或者项目不予办理绿色信贷，切实保障绿色信贷制度的实施。

(二) 保持健康的城市生态系统

城市生态系统是一个人类参与到其中的生态系统，因此它在目标、层次与功能上呈现出空前的规模性与复杂性。城市生态系统是人类生活的基本环境，也是目前人类文明发展的主要环境，这一系统我们总结为生态－经济－社会三重结构的复合型生态系统，如果简单来说我们还可以将其称为人工生态系统。

1. 尽可能恢复原有生态系统

在所有的城市环境当中，人类生存环境的形成都是基于对自然环境与自然生态系统的改造，如果人类生存环境建立的基础——自然环境遭到破坏，那么人类的生存必然受到影响。为了保护人类生存与发展的环境，我们要注重对原始生态环境的保护，对于一些已经被人类破坏的原始环境要进行修复，比如"退耕还林"、

"退耕还草"等措施。

2．尽可能达到系统平衡

对于生态文明的认识要全面、科学，均衡的推动生态文明建设在各个领域的发展。可持续发展的理念在全球范围得到了人们的认同，可持续发展从时间上来看包括现在与将来，这种时间的延续具有传承性，只有每代人都负起自己的责任，可持续发展战略才能推行下去。从空间上来看，可持续发展包含的空间为全球，即整个人类社会，可持续发展的包容性很强。可持续发挥发展不仅是经济与环境的协调发展，同时也是社会以及人与环境的和谐发展。可持续发展对于发展均衡性的要求与生态文明城市的建设的要求基本一致，即无论从经济的发展、生态环境的保护还是从社会的发展进步来说，都能够保证人们的基本利益。

3．尊重生态规律，发挥多重效益

在传统城市建设理念中，排水、防洪、河道清理等设施与工程是每个城市中必不可少的要素，将这些要素与生态环境保护及水资源的保护结合在一起，融入城市的规划与建设当中，对于生态文明城市建设具有重要的意义。此外，城市水利工程以及污染防治手段相结合可以在城市中规划建设水体景观，这样既可以实现对城市生态环境的改善，又可以保证城市功能设施的建设，还可以创造一定的经济效益。

（三）注重城市软环境的建设

1．注重城市形象塑造

良好的城市形象对一个城市的文化、经济、社会以及城市发展都具有非常重要的作用。

(1) 促进经济发展。

城市的形象对于城市经济发展的促进作用主要体现在三个方面：

第一，良好的城市形象能够博得其他城市的人们的好感，吸引其他城市的居民前来参观、体验，从而有效地推动城市旅游的发展。

　　第二，良好的城市形象能够吸引人才，为城市经济的发展提供良好的人才保障。

　　第三，良好的城市形象能够吸引外来的投资，为城市经济的发展提供可靠的资金支持。

　　(2) 促进城市社会进步。

　　城市形象的提升能够增强城市居民的自豪感和生活的幸福指数，增强居民的归属感。居民对于城市形象的认可，会促使他们自觉维护城市的形象，从而自觉约束自己的行为，这对促进社会的进步与和谐具有重要的作用。

　　(3) 改善城市环境。

　　城市形象的塑造靠的是整洁的城市面貌、优美的城市环境以及和谐的文化氛围。城市形象的建设与提升能够改善城市的基础设施建设，完善城市功能，与此同时也会优化生态环境与社会文化环境，这些措施对城市居民生活环境的改善是非常明显的。

　　(4) 促进城市建设。

　　城市形象的建设要求突出城市特色，将城市打造成一张独特的文化名片。随着城市建设理论的不断成熟，很多城市在建设过程中过于依赖成熟的经验，导致当前的城市建设缺乏新的思路，城市建设越来越缺乏地方特色与人文色彩。城市形象建设应该挖掘城市文化和历史，为特色城市建设提供方向，为城市文化底蕴的丰富提供契机。

　　2．提高市民素质

　　一座城市，如果只进行基础设施建设，不注重文化底蕴与居民素质的提高，城市品质难以得到提升。因此在进行城市建设的过程中，除了要建设具有地方特色和文化底蕴的建筑设施之外，还要着重加强对城市居民进行文化与道德修养教育，提升居民综合素质。

　　3．注重城市文化经营

　　城市文化是在长期的发展过程中形成的具有鲜明地方特色的一种区域文化。

在现代城市建设中，文化要素的融入使得城市发展的历史性与厚重性得到了有效的保障。

一座没有文化底蕴与文化根基的城市，仅仅只是一堆水泥钢筋堆砌的建筑集合。城市作为人类社会与文明进步的成果，是人类文明成果的集中展示，这一点无论在哪个时代都适用。在城市发展与建设日益雷同的今天，城市特色散发着历史与文化的光芒，具有浓郁地方特色与文化风格的城市无疑是城市发展过程中的明珠。

建设城市文化的过程，实际上也是塑造城市形象的一个重要手段，这一点我们需要有一个明确的认识。城市的规划与建设要融入当地的特色文化，对地方文化资源进行深入挖掘，与城市建设的实践相结合，形成特色鲜明的城市文化。在城市文化形象的营造过程中，我们应该注意两个方面的问题，第一个问题是要通过全民教育，提升整个社会的文化意识与文化素质，第二个问题是要尊重文化的原生性，并结合现代文化突出地方特色。

4. 建立健全生态文明法律法规

生态文明的建设是一个漫长的过程，如果没有健全的法律体系，生态文明建设将难以持久、稳定的进行。法律在社会运行过程中发挥的作用是其他事物所不能取代的，法律代表着国家对生态文明建设的支持和保障，能够保证生态文明建设的稳定性与持续性。此外，法律对于生态文明建设过程中的秩序维持也具有十分重要的保障作用。

5. 注重城市行政体制改革

城市行政制度是生态文明城市建设的重要保障，它为生态文明城市建设提供了具体的执行依据。但就当前我国城市的行政体制来看，其运作体系与生态文明城市建设的需求有很多不契合的地方，因此在生态文明城市的建设中要对我国的城市行政制度进行改革。在进行城市行政制度改革的过程当中，要注意以下几点：

(1) 树立"亲民、廉洁、高效、务实"的管理理念。

在这一管理理念的影响下，政府要对机构设置和工作流程进行精简，减少人民群众参与城市建设的障碍。政府工作流程与机构的精简还可以有效地提高政府机构的工作效率，为生态文明城市的建设提供可靠的保障。

(2) 建立政府与企业、社团和居民之间的正常沟通渠道。

政府与群众之间的联系随着政府工作的增多而变弱，沟通的渠道也越来越少，人民群众的意见与建议很难直接传达到决策人员。为了体现全心全意为人民服务的执政宗旨，政府部门应该丰富与人民群众的沟通渠道，从人民的智慧中获取城市建设与发展的灵感。

(3) 树立"权源于法，法高于权"的意识。

政府作为行使国家权力的部门，必须在法律的范围内行使自己的权力，接受人民群众的监督。在生态文明城市的建设过程当中，政府部门要强化自己的权责意识，接受人民群众的监督。

第二节　建设美丽新乡村

一、美丽乡村建设的解读

(一) "美丽乡村"建设的内涵与意义

美丽乡村建设不仅是给我们带来幸福和谐安康的美好家园，拥有天蓝、水美、地绿、山青的环境，而且还应创造安居、乐业、增收的富裕、体面、有品质、有尊严的生活。农业部提出的美丽乡村创建活动是以促进农业生产发展、人居环境改善、生态文化传承、文明新风培育为目标的综合举措。第一，美丽乡村创建活动提出了推进生态农业建设、推广节能减排技术、保护农业资源、改善农村人居环境等具体内容，是美丽中国建设的重要内容，是在广袤的农村地区建设美丽中国的具体行动；第二，美丽乡村创建活动提出了推进农业发展方式转变、加强农业资源环境保护、提高农业资源利用等具体目标，这是发展现代农业的必然要求，是实现农业农村经济可持续发展的重要保障；第三，美丽乡村创建活动提出了推进生态人居、生态环境、生态经济和生态文化，创建宜居、宜业、宜游的新农村等建设理念。

加强农村人居环境建设，实行统一规划、合理布局、有序建设，有利于节约和集约土地，实现人与自然和谐相处；加强农村人居环境建设，加快农村基础设施、生产设施和公共设施建设，建成环境良好、功能完善、特色鲜明的新型乡村，有利于缩小城乡差别，改善投资环境，促进农村经济社会事业持续发展；加强农村人居环境建设，改变农民传统建房方式，帮助农民树立科学的规划意识、建设意识和生态意识，有利于把现代文明有机的融入乡土文明，促进农民身心健康和思想观念、生活方式的转变，促进农村物质文明、精神文明、政治文明和生态文明的全面发展。

(二) "美丽乡村" 的主要特征

1. 产业发展

(1) 产业形态。

主导产业明晰，企业的聚集效应明显，每个乡镇都有自己的主要产业；农民可以从区域主要产业中获得足够的收入，至少占总收入的80%以上；产业链条相对完整，有专业的运输、仓储、加工以及销售渠道。

(2) 生产方式。

传统的小农经营模式，通过农业联合经营扩大农业生产的影响力，以获得更大的市场竞争力；机械化生产成为农业生产的主要方式，农业生产的专业化得到有效的保证。

(3) 资源利用。

资源利用效率比较高，农业生产的废物少并且污染程度较低，农业生产实现高效率的循环生产。

(4) 经营服务。

新型农业经营方式成为农业经济发展的主要推动要素；农村地区的产业服务机制相对健全，农民的生产或者经营有专业的部门或者企业提供服务；农业经营活动更加科学,经营决策对于市场信息的收集与把握更加全面准确;政府部门为农业经营的发展提供足够的政策服务与支持。

2．生活舒适

(1) 经济宽裕。

村集体经济发展状况比较乐观,村民之间的农业产业良性互动,农民的收入增加。收入的增多提高了农民的消费能力,经济比较宽裕的情况下农民的物质生活水平得到改善。

(2) 生活环境。

农村地区的基础设施建设得到全面的发展,基础设施的种类、功能更加完善,能够满足农村地区农民提高生活质量的需求。村容村貌得到改善,农村垃圾以及污水得到有效的处理,生态环境逐渐恢复。

(3) 居住条件。

住宅更加现代化,住房的美观性和居住的舒适性得到有效的提升;清洁能源在农村地区得到广泛的利用,农村地区能源消耗以及污染问题得到有效的解决;农村厕所、厨房的现代化改造,使得农村的卫生环境得到提高。

(4) 综合服务。

农村地区交通出行便利快捷,商业服务能满足日常生活需要,用水、用电、用气和通信等生活服务设施齐全,维护到位,村民满意度高。

3．民生和谐

(1) 权益维护。

创新集体经济有效发展形式,增强集体经济组织实力和服务能力,保障农民土地承包经营权、宅基地使用权和集体经济收益分配权等财产性权利。

(2) 安全保障。

遵纪守法蔚然成风,社会治安良好有序;无刑事犯罪和群体性事件,无生产和火灾安全隐患,防灾减灾措施到位,居民安全感强。

(3) 基础教育。

教育设施齐全,义务教育普及,适龄儿童入学率100%,学前教育能满足需求。

(4) 医疗养老。

新型农村合作医疗普及,农村卫生医疗设施健全,基本卫生服务到位;养老保险全覆盖,老弱病残贫等得到妥善救济和安置,农民无后顾之忧。

4.文化传承

(1) 乡风民俗。

民风朴实、文明和谐,崇尚科学、反对迷信,明理诚信、尊老爱幼,勤劳节俭、奉献社会。

(2) 农耕文化。

传统建筑、民族服饰、农民艺术、民间传说、农谚民谣、生产生活习俗、农业文化遗产得到有效保护和传承。

(3) 文体活动。

文化体育活动经常性开展,有计划、有投入、有组织、有实施,群众参与度高、幸福感强。

(4) 乡村休闲。

自然景观和人文景点等旅游资源得到保护性挖掘,民间传统手工艺得到发扬光大,特色饮食得到传承和发展.农家乐等乡村旅游和休闲娱乐得到健康发展。

(三)"美丽乡村"建设的内容

1.生态环境的综合利用

(1) 建设美丽乡村是生态环境的需要。

1) 客观辩证的分析农业资源承载力。

资源承载力是指在我们所生存的环境中,当人类的活动在一定的范围内时,其可以通过自我调节和完善来不断满足人的需求。但当超过一定的限度时,其整个系统就会出现崩溃,这个最大限度就是资源承载力。农业资源承载力主要是指耕地、水、资本、劳动力和技术因素等,在一定时空范围内,在数量上、质量上都有一定的限制。传统生产力"一亩地一头猪""十亩地一头牛"指的就是,家里有一亩地就可以养一头猪，而一头猪的猪粪可以通过一亩地来消纳；十亩地可以养一头牛，一头牛的粪尿也可以作为肥料还田，牛也可以作为劳动力耕地，具有最适宜的经济性。但是资源承载力并不是一成不变的，随着技术进步，单位面积耕地的产量是不断增加的，供养的人口也在增多。畜禽养殖也已经从平面的、分散式的地面养殖，向集中的多层面的立体养殖变化。这一方面是技术的进步，但另一方面也带来大量畜禽废弃物难以消纳的环境问题，传统的农家宝贝变成了污染源。

2) 资源有价。

不仅指资源的商品价值，也指资源的审美价值和精神文化价值等。资源是财富的象征。拥有资源即拥有财富，开发资源等于财富增值。具体而言，农业自然资源决定着经济增长的潜力和格局，是潜在财富。这种潜力和潜在财富的实现取决于社会经济资源是以何种方式和何种强度作用于农业自然资源。美丽乡村的一个重要指标就是自然生态优美。村庄周边植被覆盖率高.生物多样性丰富，动物、植物、微生物种类多、数量丰。自然风景优美，生态条件优越，地域特征明显.具有良好的自然生态优势。这些一草一木不仅仅可美化家园，更是绿色银行，是财富资源。

(2) 建设美丽乡村是可持续发展的需要。

凸显农业的生态环境保护功能，实现农业可持续发展。工业化、城市化的发展，不能以农业资源的过度占用、植被破坏、水源被污染、土壤被侵蚀为代价。要充分考虑农业的综合作用，体现农业的多功能性。

1) 经济功能。

经济功能主要体现在生态文明建设为社会提供农业产品与农业副产品，其价值实现主要是通过农业基本功能的实现来达到的。农业经济发展的功能主要是从人类的需求出发，生产满足人类食用与使用需求的农产品，比如农业生产的水果、蔬菜可以满足人类的饮食需求，棉花等产品能够纺织成为布料，为人类提供制造依附的材料。

2) 社会功能。

社会功能是从对社会发展的作用来对进行考虑的，比如劳动就业与社会保障。

农业作为一个现代化产业能够为劳动力的就业提供劳动岗位,吸收农村的劳动力;农业生产产品的质量影响着生产、生活的安全性等社会问题。因此农业发展的功能性我们要充分考虑其社会功能,通过合理规划避免产生各种不必要的问题。

3) 政治功能。

政治功能主要体现在,农业的稳定发展对于维护农村社会稳定的作用上。在一定意义上来说,农业生产的情况决定着农村的社会秩序与社会稳定,农业生产的形式是农民最为关心的问题之一。农业发展的好坏不仅关系到农民的切身利益,也关系到城市居民生活的稳定性,如果农业生产出现问题,对我国社会的稳定发展会造成极大的影响,影响我国社会的发展与进步。

4) 生态功能。

农业的生态功能主要体现在农业对我国生态环境保护作用之上。农业种植业作为一种以培植绿色植物为主要生产方式的产业,其内容本来就是生态环境的基本构成部分,农业的发展可以说是在自然生态系统中对植物功能的利用,提高农业发展的科技水平与环境保护水平,对整个社会的环境问题具有重要的意义。

2.农业清洁生严

农业清洁生产,通过源头预防、过程控制和末端治理,严格控制外源污染,减少农业自身污染物排放,对防治农产品产地环境污染、保障农产品质量安全具有重要作用。农业清洁生产实行生产过程清洁化,大力推广应用低污染的环境友好型种植养殖技术,合理使用化肥、农药、饲料等投入品,节约生产成本。

(1) 源头预防。

控制城市和工业"三废"污染。监管我们居住的村庄和我们生产场所的农产品产地(农田、水域、集中养殖区)周边污染源,严禁向农产品产地排放或倾倒废气、废水、废油、固体废物,严禁把城镇垃圾、污泥直接用作肥料,严禁在农产品产地堆放、贮存、处理固体废弃物,划定安全距离。在农产品产地周边已经堆放、贮存、处理固体废弃物的,必须采取切实有效措施,防止造成农产品产地污染。附近有乡镇企业的,要注意综合治理设施是否完善。遵守农业生产投入品管理。遵守对化肥、农药、农膜、饵料、饲料添加剂等农业投入品的监管要求,记录购置的化肥、农药，禁止将有毒、有害废物用于肥料或造田。遵守水产苗种生产许可制度，科学投饵，合理用药。禁止使用高毒、高残留、有害农业投入品。

(2) 过程清洁。

推广节肥节药节水技术。开展测土配方施肥，采用精准农业技术。优化配置肥料资源，合理调整施肥结构，改进施肥方式．提高肥料利用率。开展秸秆还田、种植绿肥、增施有机肥。科学合理使用高效、低毒、低残留农药和先进施药机械，配置杀虫灯。加强与社会化病虫害防治专业服务组织的联系．开展专业化统防统治，采取绿色植保技术，进行病虫抗药性监测与治理，提高防治效果和农药利用率，减少农药用量。

(3) 末端治理。

实施农田氮磷拦截。在现有农田排灌渠道基础上，通过生物措施和工程措施相结合，改造修建生态拦截沟，吸附降解农田退水中的营养元素，改善净化水质，促其循环再利用，减少农田氮磷流失。推进农村废弃物资源化利用。以村为单位，因地制宜建设秸秆、粪便、生活垃圾、污水等废弃物处理利用设施，大力发展农村沼气，推进人畜粪便、生活垃圾、污水、秸秆的资源化利用。制定相关政策措施，加快农膜技术装备的推广应用，鼓励引导农民使用厚度大于 0.008mm 的地膜，回收利用废旧地膜，解决农田"白色污染"。

3．农村清洁工程

农村清洁工程由农业部 2005 年开始试点实行．按照"减量化、资源化、再利用"的循环经济理念，以建设资源节约型、环境友好型新农村为目标，以实施清洁田园、清洁家园、清洁水源为主线，以农村废弃物资源化利用和农业面源污染防控为重点，推广畜禽粪便、生活污水、生活垃圾、秸秆等生产、生活废弃物资源化利用技术，变废为宝，化害为利，用经济的手段、市场的机制，建立物业化管理模式。

4．农田生态景观

农业中的人与大自然的关系具体表现为人、天、地、稼的关系，天人关系为中心的可持续农业，使中华文明长达数千年而不衰。未来随着科学技术的发展，农田生产力将有更高的上升空间，而且农田的替代基质也会不断增多，扩大新的食品来源，农田的历史任务有所改变，保护环境和提供休闲服务的功能将相对提高。因此，未来农田景观的格局将随之变化。农田斑块的基质得到进一步改良，并以增施有机肥料和农作物品种改良作为增产的主要保障，以多样化的种植方式和廊道结构生物防治病虫害，秀丽的农田风光给人陶醉，达成人与自然、人与田园的"天地合一"。当前出现的观光农业的景观。可谓是未来农田景观之早期雏形的体现。

农田景观属于经营景观中的人工经营景观，景观构图的几何化与物种的单纯化是其显著特征。随着传统农业向现代农业的演进，原有分散和形状不规则的耕作斑块向着线形和规则多边形的方向演变，斑块的大小、密度和均匀性都会发生变化，特别是精准农业的发展，要求农田进一步集约化、田面平整化、田块规则化和设施配套化与智能化。

农业生态景观是按照自然发展规律，坚持保护农田生物多样性的要求，既保护农业生产，也最大限度挖掘生态功能，实现可持续发展。农业景观内的非农作的自然、半自然植被覆盖，如农田边界、河滨植被带、生物树篱、防护林等可作为生物的栖息地、避难所及生殖和繁衍后代的场所。农业景观生物多样性不仅是农业可持续发展的基础，也是农业资源财富价值的开发利用。在保护农业景观生物多样性的时间中，可以遵循区分并优先保护农业景观生物多样性的热点区域，保护和建立自然、半自然生物景观，增加农田景观中非农作的自然、半自然生物景观面积，构建研究已取得了显著的理论和应用效果。一些研究建设与措施已被当地技术、规划、管理人员所采纳。研究结果无疑会对其他地区的连续发展起到示范作用。

二、美丽乡村建设的思路

（一）洁净用水

污水是影响环境卫生的几大"元凶"之一。以往农户厨房、卫生间的废水、臭水，往往直排河道、溪流，给环境造成很大污染。"美丽乡村"建设，要将生活污水接入外排管网或建设三格无害化处理池。对残存臭水沟、污水塘的污水，进行彻底治理和绿化；对生活污水采取沼气厌氧发酵的办法来治理。

在我国，人均水资源不足，尤其是在干旱、半干旱的北方地区，水资源相对短缺，对水资源进行循环利用的战略价值很高。稳定塘是一种用于污水处理与资源化利用的技术手段，在我国近几年的农村发展过程中，得到了大家的认可，成为一重要的污水处理办法。稳定塘技术对我国农业发展与农村进步来说具有重要的意义。

（二）化肥农药不乱扔

在农村广阔的田野上、路边、水塘边，到处都可以看到乱扔的大大小小的废弃农药瓶。这不仅污染了农村的居住环境，同时也存在着严重的安全隐患，对人畜的生命安全也造成较大危害。通过调查，一个农药瓶的造价至少需要 0.35 元，如果农药瓶、农药袋能够有价回收，可以促进农民回收积极性．让农民自觉将废弃农药瓶袋送回专门废品回收点。也可以在购买农药时，交付一定的包装费使用押金，交回后返还押金。农民自身也要提高环保意识，不能随意弃用农药包装品。农药、化肥品种繁多、性质各异，而化肥又有挥发易爆炸的特点。所以一旦将农药、化肥两者放在一个仓库内，受寒暖温度变化，就会引起化学反应，轻则肥药失效；重则引起爆炸或中毒。例如，碳酸氢铵一遇热，"氨"就会挥发，如若被潮湿空气所吸收．就会生成碱性的氢氧化铵物质，如果室内又同时贮存了农药．碱性物质便会溅落到农药包装上，并悄悄渗进农药中，不易被使用者觉察到。这种渗入碱性物质的农药就会不断地分解，以致失效；硝酸铵等肥料都是氧化剂，一遇高温就会爆炸：过磷酸钙与农药同室而放，就会引起肥料中"游离酸"不断地挥发，使室内潮湿空气呈现出酸性状态，造成农药包装的腐蚀霉烂，增加中毒机会。因此，农药与化肥不能混放在一起．也不能和石灰、烧碱、煤油、汽油等同室存放。

（三）房前屋后要美化

房前屋后的绿化美化要靠村域居民自身素质的提高和良好文明习惯养成，才能齐心协力让我们的居住和生活环境变得更美。房前屋后的绿化美化工作，一定要动员全村域的力量一起来参加，比如，可以通过"绿我家同"等主题活动、组织、群众性的绿化美化行动、在乡村之间开展竞赛、建立一个示范社区、组建老年人社区清扫队，以及政府统一规划设计绿化带(花坛)等形式，助推家园建设得更美、更舒适。

房前屋后美化也可以获得额外收益。利用好"三园"农民宅前屋后"小菜园"的基础上，规划成"小菜园"、"小果园"，甚至"小花园"，使之不仅能成为村落的天然"绿化带"，还能提高土地利用率，促进农民增收。在"三园"的建设过程中。南农户自主选择种植种类和范围。小菜园可以白用。小果园也有经济价值。小花园可以提升村域生物景观，有利于开展休闲农业、都市农业，开发村域休闲旅游。

(四) 农业景观不可少

农村地区的生态环境是农村地区社会和经济发展的基础，也是建设美丽农村的重要保障。绿化是解决农村生态环境与居住环境的基本措施，合理的绿化不仅能够起到建设农村生态景观的作用，还能够达到美化居住环境，提升农村地区整体生态品味的功能。整洁的村容，优美的环境不仅能够为农民提供优美的居住条件，还能够吸引来自城市的旅游者，促进农村地区旅游活动的开展，促进城乡一体化的建设。在农村地区要建设具有吸引力的环境与景观，要充分利用农村地区的优势要素，在田边、村边、水边、路边、山头、文物景观四周进行正确的绿化与设计，将其建设成为独特的农业景观，提升农村地区的景观质量。在农村地区要充分发挥乡村意象的作用，设计一些具有农村特色景观，能够帮助农村地区吸引大量的游客，改善农村地区的经济发展状况。

(五) 废弃物循环利用

拒绝污染，是全人类都在探讨的话题，也是全人类发展面临的挑战。随着工业化的不断深入，人们越来越醉心于物质成果为我们生活提供的便利与舒适，对资源的开发与利用越来越没有节制，自然资源与环境成为人类享受这种物质成果的最大障碍，越来越多的环境问题也给当前人类社会的发展敲响了警钟。从经济学与生态学的角度来考虑，如果经济发展的负面影响对人们的生命、健康造成损害，那么这种损失是无法挽回的，并且会在相当一段时间内持续对人类造成影响，这无论从经济学意义上来说，还是从生态学意义上来说，都是人类不能付出的代价。

从垃圾的处理来说，目前城市地区的垃圾处理方式在农村地区并不适用，其原因主要有是哪个：

第一，农村地区基础设施建设比较差，而且农民居住环境不同，如果对垃圾进行集中填埋、焚烧等办法，需要付出大量的人力、物力成本对垃圾进行收集、转运，得不偿失。

第二，农村地区大量从事种植业与养殖业，动植物的防疫是农业生产中的重要问题，如果对垃圾进行填埋或者焚烧，污染物质的传播会对农业生产的安全性造成很大的影响，农产品的质量得不到保障。

第三，城市垃圾的处理方式与农村社会特点有很大的出入。在城市地区的垃圾种类复杂，塑料、玻璃各种废弃物等，需要进行统一的分类处理；农村地区的垃圾多为粪便垃圾，以及炉灰、废渣等垃圾，这些垃圾经过一定处理与分类后能够进行二次利用的，如果按照城市垃圾的处理方法对农村垃圾进行处理会造成资源的浪费，并带来二次污染。

三、美丽乡村建设的模式

(一) 产业发展模式

产业型美丽乡村的建设需要一定的经济条件与产业基础，适合东部沿海乡镇企业比较发达的农村地区。东部沿海地区的农村地区乡镇企业发展较早，发展水平较高，并且在龙头企业的带领下，形成了独特的乡镇企业文化，产业高度聚集，产业链条发展完善，对当地的经济发展起到的重要的带动作用。这些地区美丽乡村的建设可以依托产业发展，打造独特的产业发展式乡村，突出当地特色。

(二) 生态保护模式

生态环境保护型美丽乡村(图 7-2)的建设主要应用与具有优质生态资源与环境资源的农村地区。这些地区由于地处偏远、交通不便，受外界环境影响较少，丰富的山水资源、森林资源形成了格外美丽的自然景观，具有高度的田园生态农村意象，历史开展农村生态旅游的理想区域。这些地区美丽乡村的建设要充分依托当地的生态景观与生态资源，打造美丽的乡村度假、旅游基地，促进农业经济的发展与繁荣。

(三) 城郊集约模式

城郊地区是一个相对特殊的农业区域，它距离城市比较近，受城市生活方式影响比较大。在这些地区要充分发挥城郊地区的区位优势，以相对完善的公共服务设施和基础设施，开展集约化农业经营与生产，提升农业经济水平，从而让城郊地区的农民实现增收。一般来说，城郊农业多为蔬菜种植、果树培育以及农业观光(图 7-3)。

(四) 社会综治模式

社会综治模式我们也可以将其称为社会综合治理模式，这种模式的主要适用范围是规模大、人数多并且居住相对集中的村、镇等行政区域。这些的确由于具有较多的人口，因此劳动力资源和消费需求相对旺盛，因此可以通过政策引导充分发挥中小企业的优势，以经济发展带动美丽乡村的建设，为全面实现小康社会奠定基础。

(五) 文化传承模式

文化传承的前提是有文化可供传承，在一些历史较为悠久的村落，一些比较古老且具有文化特色的建筑、民居、民俗等文化实物与文化意象保存较为完整，这些地区可以文化为主题打造美丽乡村，努力建设文化古村落，并以此为基础带动农村地区旅游行业的发展，提高农民的收入。

(六) 生态农业模式

1. 渔业开发型

渔业开发型的美丽乡村需要一定的前提条件，只有在沿海、河湖沿岸等以渔业为主的村落才具备发展的土壤。由于这些地区不从事种植业，渔业是他们主要的劳动模式，可以大力发展人工养殖，通过先进的技术投入提升养殖品质与产量，促进渔业经济的繁荣发展。

2．草原牧场型模式

草原牧场适合在草原分布广泛的地区，这些地区依托草场资源开展养殖业，为人们提供各种畜牧产品。在这些地区进行美丽乡村的建设要以充分尊重自然规律，保护草场生态系统。

(七) 环境整治型模式

环境整治型的美丽乡村主要目的是对农村的生态环境与居住环境进行改善，改变人们对农村的不良印象，将脏乱差的标签从农村头上揭掉。当然进行环境整治要充分尊重整治地区的具体特点，充分利用当地的资源与环境要素，建立一套稳定的生态环境保护体系。

(八) 休闲旅游型模式

休闲旅游型的美丽乡村是农村旅游区域进行美丽乡村建设的重要方式。休闲旅游地区具有大量的生态景观与人文景观，并且能够吸引邻近城市大量追求放松与娱乐的城市游客。将休闲旅游与美丽乡村的建设融合在一起，不仅是农村旅游发展的基本趋势，也是当前农业经济发展的重要形式。

四、绿色文明生活习惯培育

环境问题是当今人类发展面临的最基本又最长远的话题。在人口不断增长的时代，人类的行为对自然生态的破坏越加严重，如果人类不对自己的行为进行约束，那么在不久的将来人类必将会为此付出沉痛的代价。在环境面面，我们必须约束自己的行为，从每一个普通人做起，关心环境、爱护环境，从小处着眼，为生态环境的保护以及人类的生存与发展打下良好的基础。

农村地区居民的行为决定着农村环境质量的高低。就目前来说，我国农村地区环境保护宣传不到位，很多地区环境保护观念落后，生活习惯对环境的影响很大。从当前来看，农村产生的垃圾越多，农村垃圾已经对农村地区的生活产生了严重的影响，很多没有垃圾回收处理机构，垃圾正在包围农村。在未来的发展中，要科学规划农村的发展与建设，以新的标准对农村生活进行定义，建设美丽乡村。

（一）环境教育

1．传授环保基本知识

生态环境观念的树立需要大量的宣传与教育，目的是让农村居民充分认识环境保护的重要性，以及进行环境保护的紧迫性。通过生态环境教育与宣传让农村居民初步了解基本的生态常识，了解当前农村地区面临的生态困境，促进他们的环境保护行为的形成。在农村生活重要使用绿色能源，减少污染能源的使用率，尤其是在做饭取暖充分开发新能源，逐渐减少煤炭的使用。环境保护知识的传授要充分考虑农民的知识结构与接受特点，尽量将生态环境保护知识具体化，以图像、谚语、顺口溜等喜闻乐见的形式编出来，保证农民易学易记。

绿色教育要注重教育的时效性与长久性，功利性的传播理念并不适合环境保护理念的传播与推广。在绿色教育过程当中，要通过教育活动让村民切实认识到人与自然之间和谐关系的重要性，认识到保护环境的重要性与紧迫性，让村民树立良好的环境保护意识。

2．培养生态情感

有学者强调："在环境教育的实践中，不能偏重'知识'和'事实'，而忽视'情感的'和'动机的'方面。"知识的教授十分重要，但就环境教育来说，环境情感与责任意识的培养对于学习者同样重要，因为只有这样才能让学习者将学到知识转化为自己的行为，才能从实质上推动我国生态文明的建设与发展。

3．利用活动进行宣传

环境教育的最终目的是让村民成为环境保护政策的拥护者，环保行动的落实者，比如在植树节或者环境保护日举办相应的环境保护宣传活动或者文艺演出，让村民参与到环境保护的宣传与学习当中来。此外，在农村宣传环境保护理念，还要充分依靠社会媒体的力量，比如电视台、报纸、手机媒体等，保证宣传的范围。在农村地区进行环境保护宣传的目的是促进农民环境保护意识的提高，促进农村地区生态环境保护工作的开展。

(二) 培养绿色生活习惯

1. 改造农村厕所

往昔许多农家的粪便差不多全装在粪桶里，每当春夏时节，小屋便苍蝇飞舞，臭气远逸，严重影响了环境卫生。一些城里人到村里做客，第一个感觉便是"乡下很美。就是上厕所不习惯!"家家户户应当大搞"厕所革命"，装抽水马桶，建三格式化粪池等。

积极推进循环经济的发展模式，把单纯的种植和养殖业不断向第二产业和第三产业升格。鼓励农民发展庭院经济、生态农业等，加大农村沼气建设推广的力度．使广大农民向文明卫生的生活方式转变。通过自建沼气池，将收集的粪便与畜禽粪便一同资源化利用，不仅节约了能源还改善了环境。

2. 不乱丢垃圾

村民中乱扔生活垃圾、污染地面环境、污染水源和土壤等不良生活习惯和行为普遍，村里要认真开展"防治白色污染，保护生态环境"的宣传教育活动。提高生态环境保护意识"从我做起、从小事做起。不乱扔生活垃圾，共创清洁家园"。

一些农村的村民已经习惯于用文明的行为呵护自己的家园，每隔十来天。每家每户就自觉派出 1 人到村里集中，一起进行全村大扫除；设立义务监督员，协助专职保洁员的工作；每天劳作归家，村民都自觉把农具、杂物归类放于自家的杂物间里。这种良好的卫生生活习惯很值得提倡。

3. 主动应用节水节能技术

村民们常常把生活污水泼到街上，既浪费水资源又污染环境。有些生活污水完全可以用来浇灌树木花草。或者收集起来通过管道进入厕所内的水压箱冲厕。

节能方面，一些农村引进了太阳能热水器，这是值得学习和推广的。随着农村经济的快速发展，越来越多的农民用起了燃煤、天然气等能源。加之农村运输的发展，汽油、柴油等的消耗也越来越多。这进一步加剧了国家能源紧张的状况。特别是冬季农村环境问题。由于农民取暖用煤大多是价格便宜的劣质煤，二氯化硫及其他有害物质含量超标几倍甚至几十倍，对农民健康和农村环境产生了严重影响。而太阳能热水器应用太阳能这种可再生资源，实用、环保、实惠，自然条件许可的地区广大村民应当积极安装和使用。

五、农业清洁生产

（一）立体种养农业

1．平原区常用模式

(1) 农田互利共生种植模式。

农田互利共生种植模式是根据农作物的特性将不同种类与性质的作物进行生态循环布局，将每一个作物要素的生态功能发挥大最，常见的互利共生种植模式包括粮食、蔬菜、菌类、果蔬等要素。

(2) 种、养结合型模式。

种、养结合型模式是将不同农业生产环节产生的废弃进行资源化的利用，从而实现整个生产过程的生态循环。比如养鸡场的鸡粪用作肥料供农作物生产，农作物秸秆可以制作成鸡饲料供养鸡场使用。

(3) 种、养、加结合型模式。

种、养、加结合型模式是指，种植、养殖、农产品加工三位一体的农业综合生产模式。这种模式延长了农业产业生产链条，养殖、种植出更多的农副产品，从而提高农业生产的效率，这一点对我国农业的发展具有重要的意义。

2．山区常见模式

(1) 小流域综合治理模式。

小流域综合治理的基础是对农作物区域的水土进行涵养与保持，增强农业作业区域的生态立体型。在小流域综合治理模式当中，林果是整个农业生态的循环的中心，起到基础性的环境保持与产品保持功能。小流域综合治理将农业种植与环境保护结合起来，将传统农业的劳作范围进行了拓展，在综合治理中不仅可以开展种植活动，还可以发展养殖，提高农业收益。小流域综合治理区域可以看作一个独立的生态循环系统，在该系统内污染物经过循环系统自身消化，产出没有污染的产品。

(2) 林—果—粮—牧模式。

林果体系在生态农业模式中是一种非常常见的循环系统，也是适合山区发展生态农业的一种模式。在林果体系中整个山区成为一个整体的生态产出系统，囊括了更多的生态资源，其稳定性与包容性更高。山区林果体系充分利用了生物自身的特性与空间布局，将生态系统的自我修复与繁育功能发挥到最大。山区林果体系不仅能够保证山区水土流失的减少，还能够对荒废的山区土地资源进行整合利用。在领过体系中，一般荒山的草坡用来养殖，林木比较繁茂的地区开展菌类养培育。

(3) 贸—工农结合模式。

农业经济的发展必须与市场紧密的联合起来，尤其是是在生态农业系统的打造过程中，农业生产必须充分利用市场资源获取资金、提高收益。市场需求是现代农业决策中的重要因素，因为想要提高农业经营的效益必须生产符合市场需求的产品，生态农业与绿色农业有着天然的联系，而绿色农产品在农产品市场上需求紧俏，必须充分利用这一点，提高生态循环农业的经济效益。

3. 城郊模式

城市是农产品的主要消费市场，在邻近城市的近郊地区，农业生产应该充分发挥自身的这一优势，以此为基础推动农业产业的整体发展。在城郊地区，蔬菜、水果类农产品的种植是主要的种植项目，但随着生活水平的不断提高，传统意义上的农副产品已经不能满足城市需求，因此发展近郊绿色农业，开展生态农业观光成为新时期近郊农业生产的主要发展方向。近郊农业区域在农业生产领域是一个相对特殊的区域，在农产品种植与生产过程中一定要充分考虑这一点，才能最大化实现农业生产的效益。

(二) 观光/旅游农业

近年来，我国农业逐渐摆脱传统农业生产模式的束缚，改变了以往单纯为城市生活提供农产品的经营理念，逐步开展了农业生态休闲、娱乐，农产品加工等新型农业发展体系。很多理念先进的地区抓住这一机遇，开建立起农业生态休闲旅游基地，开展升天农业观光，推动了农业发展的现代化。

发展观光农业、旅游农业应充分发挥和利用农业的"三生"功能。

(1) 生产功能。生产功能是农业最基本的功能，正是因为农业的生产功能城市生产和生活才能享受到新鲜的农作物产品。

(2) 生态功能。农业的生态功能是农业所具有的生物性功能，农业种植业需要种植大量的绿色植物，从生态角度来说这对调节环境，促进和谐发展具有重要的意义。

(3) 生活功能。生活功能主要聚焦于农业生活提供的休闲、娱乐场所，尤其是在城市地区，在近郊地区发展农业绿地、生态观光、花卉种植不仅为都市人提供了休闲的去除，同时也美化了城市面貌，提高了城市居民的生活质量。

(三) 有机农业及其标准

有机农业是可持续发展农业的一种，它将生态环境的保护与农业生产的经济效益有效地结合起来，是解决我国一部分地区农业发展环境破坏严重、经济效益低的重要手段。

对于有机农业的定义一直没有准确的定义，但目前国际上对有机工农业的认识有很多共同点，总结起来主要有以下几点：

(1) 种植业中不使用任何化学药物与化肥肥料，减少化学物品使用对土壤的危害，减轻农作物化学品残留对人体健康的影响。

(2) 有机农业生产禁止采用化学手段对农作物产品进行保鲜处理，减少对健康的损害。

(3) 农畜产品的饲养中，采用天然饲料喂养，不能使用添加抗生素、激素的药品或饲料。

美国作为世界上农业最为发达的国家之一，有机农业出现的时间比较长，并且有一定的生产核定标准。美国农业部对有机农业的要求可以总结为以下三点：

(1) 一种生产系统中，尽量使用让天然的肥料或者饲料，人工化学添加剂不能随便使用。

(2) 为了保证土壤的肥力，要合理利用土地资源，同一块土地不能长期种植作用，避免对土壤的永久性损害。

(3) 依靠生物手段来对植物的虫害进行防治，不能使用毒性超过安全标准的农药。

(四) 可持续农业技术

可持续农业法发展技术，融合了农业科技与生态科技，并将二者统一到农业生产的经济性中。可持续农业技术是未来农业技术发展的基本趋势，也是未来农业实现可持续发展的技术，就目前来说相对成熟的可持续农业技术重要包括以下6种：

1. 作物多样化

种植的多样化能够改善农作物局部的生长环境，从而抵御来自自然侵害，比如合理对作物进行套种不仅可以实现混合收益，还能够有效防止因为大风造成的作物倒伏，提高农作物的产量。

2. 填闲作物

当谷物或蔬菜收获后，要合理利用土地资源，对于需要休耕的土地进行休耕，如果无需休耕的土地则可以根据时令种植黑麦草、苜蓿等能够控制杂草生长、保持水土或者改善土壤肥力的作物，实现生态效益与经济效益的统一。

3. 多种作物轮作

多种作物轮作是符合生态学基本规律的一种作物种植方法。作物的轮作能够减少同种作物之间产生的不良效应，还可以减轻作物病虫害的发生，对提高农作物产量具有重要的意义。

4. 害虫综合治理(IPM)

虫害的综合治理是指害虫综合治理，将生物、种植、物理和化学等农业技术手进行综合利用防治虫害的一种农业技术。害虫的综合治理能够经济的控制作物虫害的发生，同时符合生态规律的虫害防治措施还可以有效的保护生态环境，提高作物的产量，提升农作物种植的经济效益。

5. 养分管理

农作物的生长阶段不同，对营养成分的需求也不同。在种植农作物的过程中要充分了解农作物的营养需求特性，根据农作物的生长状况与生长阶段合理调整营养成分的供给，提高农作物的质量与产量。养分管理是一项专业的农业技术，需要农业技术人员的参与才能实现。

6. 水土保持

水土保持是可持续发展农业中必须要解决的一个问题。目前比较常见的水土保持措施主要包括：丘陵耕作梯田、平原带状耕作、土质松软区少耕、免耕等措施。

第八章　培养生态文明观，实现美丽中国梦

2017年10月18日，习近平总书记在十九大报告中指出，坚持人与自然和谐共生，必须树立和践行"绿水青山就是金山银山"的生态理念，可以看出党中央对于加强环境保护的巨大决心。为增强政府的环境保护职能，在未来对政府机构进行改革的过程中，需要逐渐建立起自然资源部和生态环境部，对以往的生态环境治理和自然资源管理的顶层机构的职能重新进行规划和塑造。中国特色社会主义生态文明的建设，是我国经济发展的必然趋势，同时也是实现伟大"中国梦"的重要途径。现代生态文明理念，对于人与自然、人与社会之间的关系重新进行了定义，其目的并不是要将人类社会带入到传统的生态文明观念中，而是想要人们重视到现代生态文明的重要性，为了实现人类和社会的可持续发展，引导人们在遵循自然发展规律的前提下进行各种社会活动，实现人类的全面发展。

大学生是祖国的未来，是民族的希望，因此大学生所拥有的发展观念是否与未来发展趋势相适应，是否能够用生态文明观念对自身的行为进行约束，是否能够养成良好的道德习惯、形成生态道德人格等，对于未来生态文明、可持续社会的建立具有关键性的作用。应当明确的是，对于大学生生态文明观的养成是一项长期的任务，并且责任巨大，因此我们在进行该项事业的过程中，必须要秉持成功的信心和不怕困难的决心，将该项事业在全国范围内进行推广，需要历经几代人的共同努力，才能最终走上成熟，推动社会的进步。

第一节　生态文明观教育的现状及成因分析

在全面建设社会主义生态文明的过程中，必须要能够正确处理改革、发展和

环境保护，这三者之间的关系。在经过一段时间的探索之后，我们在环境保护方面已经取得了一定的进步，这就为社会转型时期经济的进一步发展打下了良好的基础。为确保生态文明建设的顺利实现，因此在高校教育中加入了生态文明教育，以此来全面提升大学生的生态文明意识。当前，在对大学生进行生态文明教育的过程中，首先要做的事情就是要找到大学生在生态文明观众遇到的问题，以此才能找到相对应的解决方式，全面提升大学生的生态文明素养。

一、大学生生态文明观教育的现状及表现

从总体上看，当前我国高校的生态文明教育已经取得了一定的成效，加强了大学生对于生态文明的认识，提高了其对于生态文明观念的重要性，在生态文明建设中展现出了积极的态度。其中存在的不足之处在于，将生态文明观的教育融入高校教育的时间较短，与其他发达国家的生态文明教育相比较，我国高校存在很多的不足之处，缺乏相应的经验。这就导致，在很多高校内部没有引起对生态文明教育的重视，并且所采用的教学方式较为单一，内容贫乏、枯燥，并且在教学结束之后也没有引导学生进行相关的生态文明实践。具体来说，当前我国高校生态文明教育中存在的不足，主要表现在以下几方面：

(一) 大学生生态文明观教育未受到足够重视

近年来，高校教育制度在不断进行改革，并且已经将生态文明观教育纳入到了高校教育体系之中。但是在实践的过程中，由于政府和高校没有认识到生态文明观教育的重要性，因此高校的教育过程中存在诸多不完善的地方，在将受伤人力和物力资源的短缺，因此这就导致高校生态文明观教育的效果不够理想。

当前，针对高校对于大学生生态文明观的教育，我国教育主管部门还没有制定出专项的政策。在很多高校中，对于生态文明观的教育，很多还只是存在于意识层面，没有真正将其实践到课堂当中，这就造成了对大学生生态文明观教育的重大疏漏。还有一些高校，尽管已经制定了相关的生态环境保护课程，但是却没有对大学生生态文明观的教育进行总体的规划，这也造成大学生生态文明观教育始终都不能落实的一个重要原因。

最应当引起人们注意的是，在很多高校中，还没有开设专门的生态课程，并且在思想政治课程中也没有嵌入生态文明的相关知识。从以上的多种迹象中可以看出，对于大学生的生态文明观教育，高校应当提高认识，明确该项教育的重要性。

此外，很多高校由于师资和经费的不足，因此对于大学生生态文明教育的课程的设置是心有余而力不足，不能培养一支优秀的师资教育队伍，也没有足够的资金支持相关课程的设置。从大学生的角度来说，针对生态知识，他们缺少探索和挖掘的兴趣，并且不具备对生态知识进行深入认识的能力。从社会和家庭角度来说，对大学生生态文明教育没有引起足够的重视，这就导致社会和家庭教育与学校教育产生了脱节的情况。

（二）大学生生态文明观教育方式单一

对大学生进行生态文明观教育，其主要目的在于让学生认识到，在人与人、人与自然、人与社会的交往间存在一定的规律，大学生在进行实践的过程中，必须要严格遵循这些规律，培养自身建立起生态环境保护的主动意识，养成良好的生态道德素质。这就要求大学生必须要充分发挥自身主动性，积极参与环保的社会实践活动，利用课堂授课、观看视频、实地调研、社会实践等，多种不同环保教育形式，来增加自身的环保知识，提高自身的环保意识。

研究后发现，当前高校在对大学生进生态文明观教育的过程中，主要采用的仍然是理论灌输的教育模式，教师通过课堂讲授的形式将相关的环保理论知识传授给学生，学生在掌握了相关知识之后，通过考试的形式来完成相应的课程学习。该种教学方式不能调动起学生学习的主观能动性，教师与学生之间也缺乏必要的交流与沟通，随着时代的向前发展，这种灌输式的教学形式必然会遭到淘汰。

由此可见，对大学生生态文明观的教育，实践上就是一个从认识到实践的过程。在整个教育过程中，基础和前提是对生态文明观的全面认识，然后再通过实践的形式来最终达到生态环境保护的目标。因此，高校在实施生态文明观教育的过程中，首先要做的就是要让学生掌握生态环境保护方面的基础知识，通过恰当的教学方法，充分调动起学生自主学习的积极主动性，培养学生的环境保护意识，并对自身的行为进行规范。高校对于大学生生态文明观教育所采用的灌输式的教学方法，从表面上学生是接受了相关的重视，但是却很难被运用到实践当中，因此这就与既定的目标之间产生了巨大的差距。

(三) 大学生生态文明观教育内容贫乏

在高校生态文明观教育中，所包含的内容应涉猎广泛，不仅要让学生认识到与生态文明相关的基本知识，同时还要让大学生掌握正确的生态文明自然观、价值观、消费观、伦理观等。

从当前高校所实施的生态文明观教育的课程来看，所使用的专门针对于生态文明的教材极为有限。在高校内，所设立的生态文明观的教育课程很多都是通过选修课的形式设立的，所教授的知识也是与生态文明相关常识性的东西，没有涉及更深层次的东西，更没有针对学生所选专业的不同，以及学生自身需求的不同对课程进行专项性的设置，这就导致生态文明教育课程所收获的成果不够理想。除此之外，在生态文明课程教学中，教师很少会与其他相关学科的内容进行交叉渗透，这就造成课程教学内容单一，并且不能从其他成熟的人文学科和社会科学科学的教学方式进行良好的借鉴，从而最终导致高校生态文明教育没能取得良好的成果。

(四) 大学生生态文明观教育缺乏实践

对于生态教育来说，其最大的价值并不体现在对生态保护知识的传授，更为重要是可以通过设置情境的方式，来让人们对自然环境进行切身体验，以此来获得最为直观的感受，这对于培养人们的环境保护意识具有重要的价值和意义，能帮助人们树立起正确的生态价值观。

高校生态文明观教育的关键，是要大学生必须要做到知行合一，不仅要培养其养成良好的生态意识，并且还要将这种生态意识带入到自身的实际生活中，对自身的行为进行规范。此外，对于大学生的生态文明教育也不能仅仅停留在基本的知识和技能方面，同时也要教育学生面对生态环境保护，要切实用自己的行动来体现。从当前高校生态文明教育的总体情况来看，大多数的课程仅仅停留在简单、机械的理论教学方面，缺乏对于实践的重视和指导，也很少针对生态保护行动举办相应的宣传活动，这就不能在整个校园中形成浓厚的生态环境保护氛围，也不能针对不同专业学生的需求不同来组织相应的生态环境保护活动。在当前这种重视生态文明理论知识和忽视实践的情况下，导致很多学生对于生态文明观念的理解仅仅停留在表面的位置，而不能掌握相应的生态环境保护技能，更不要期望大学生在走上工作岗位之后，会将自身的生态环境保护意识付诸到社会生活行动中。

我们应当明确，只有通过生态环境保护的实践活动，才能真正提升大学生的生态环境保护意识，并将其作为一项重要的道德标准来对自身的行为进行规范，这是实现高校生态文明教育的一条重要途径。但是，这一目标的实现还存在着诸多的问题，最为重要的一点是，高校对于大学生所开设的生态文明教育仅仅停留在表面的层次，所组织的实践活动形式过于单一，通常只有社团活动或是进行课外调研形式，这就导致大学生的生态环境保护意识很难被真正调动起来，进而进行广泛的宣传和实践。

二、大学生生态文明观教育问题形成的原因分析

党中央提出要建设具有中国特色的社会主义生态文明，为响应党中央的号召，高校开始开设生态文明教育观教学课程，并且在思想政治理论课教学中，也对生态文明观的重要性进行了重申。尽管针对生态文明的建设，我国已经做出了多方面的努力，但是从总体趋势行来看，我国生态文明的教育仍然处于探索的阶段，对大学生所进行的生态文明观教育还存在着诸多的问题。具体来说，出现这些问题的原因，主要是由以下几方面原因造成的：

（一）高校生态文明观教育的氛围不够浓厚

人与自然之间存着着紧密的联系，二者是相互依存的关系，在周围环境的影响下，人们的思想观念也会受到一定的影响。从宏观上来看，家庭、社会和学校这三方面的因素，是影响高校生态文明观教育氛围最为主要的因素。

1. 从家庭环境角度来看

家庭环境对高校生态文明教育氛围的形成起着关键性的作用。这是因为，一个人所处成长的环境，会对一个人的终身都会产生影响。当前，大学生的父辈大多数都出生于 20 世纪六七十年代，在当时的社会环境下，还没有形成生态文明教育的理念，这就导致大学生父辈的人在生态文明教育方面缺乏敏感的意识，在他们的思想意识中，只有传统的美德和礼仪能够与生态意识联系起来，包括如勤俭节约、反对浪费、不随地吐痰、不随手扔垃圾等良好的行为规范，并将其传授给自己的孩子。但是从本质上说，这些行为规范都属于道德的范畴，因此不能为大学生的成长过程提供一个良好的生态保护家庭氛围。

2. 从社会环境角度来看

社会环境对大学生的思想观念会产生深远的影响。我国在实行改革开放之后，大量的外国文明涌入到国内，其中不可避免的一些西方国家的文化糟粕也一起传入到了中国，对大学生的价值观产生了很大的影响。很多学生无法对这些外来文化进行分辨，导致一些利己主义和金钱至上主义对大学生的思想观念产生了重要影响，大大增强了社会的功利性主义氛围，在这种社会环境的影响下，导致大学生的生态保护意识较为淡薄。

3. 从学校环境角度来看

学校环境对生态文明的教育和学习氛围塑造的不够浓厚，使得很多大学生都将提升专业知识和技能放在了首要的位置，却忽略了对自身生态文明素质的培养。此外，针对生态文明保护，学校也很少会对其进行专门的宣传，没有对学校的资源进行充分的利用，导致学校内部没有形成良好的生态环境保护教育氛围。

从生态文明思想出现的时间上来看，这种思想在我国古代的时候就已经出现了，但现实情况却是，生态文明建设实践只是在最近十年才开始兴起的。由于我国的生态文明建设起步较晚，导致人们的生态环境保护意识淡薄，这就使得我国生态文明建设始终不能得到较快的发展。需要注意的是，环境教育是生态文明观教育的起点，其是在 19 世纪末的时候才得以产生的。到了 20 世纪 70 年代，环境教育的观念才传入我国，成了党和人民的一项新的事业。再加上，在环境保护方面，我国可以借鉴的经验较少，这也是造成高校生态文明教育氛围淡薄的一个重要原因，使得大学生不能形成良好的生态环境保护意识。

(二) 高校生态文明观教育的制度建设相对滞后

中国在很早的时候就已经提出了素质教育的概念，至今已有三十多年。我国在全面推广素质教育的过程中，存在的一个重要问题就是，高校对于人类的评判与现实之间存在较大的差异，具体表现为评判方式过于简单、内容片面等方面。具体来说，主要表现为以下几方面。

1．教育体制功利化

当前高校教育中所实行的教育和体制存在严重的功利化情况，并且对于人才素质道德的评价没有设定统一的标准，也没有制定出完善的人才评价体系。这种情况的存在，就导致了学生在接受生态文明观教育的时候，只注重做一些表面的工作，不会对其进行深入的研究，也不会对其进行广泛的宣传。因此，这就使高校在对生态文明人才进行评判的过程中，缺少了可以依据的标准。此外，很多高校由于制度体系不健全，再加上缺乏师资力量和充足的教育经费，就导致了学生在接受生态文明观教育，缺乏足够的教育资源。

2．生态文明教育立法缺失

党中央所颁布的有关建设中国特色社会主义生态文明的相关文件，是高校开设生态文明观课程内容和依据的主要来源，但是对于大学生生态文明观教育还缺乏相应的法律支持。在一些高校内，虽然针对大学生生态文明观教育已经制定了相应的规章制度，但是其中内容不够完善，在系统化和规范化方面还存在很多不足的地方。

3．投入不足

在经过研究表明，对于高校内从事生态文明观教育的教师来说，由于在教学过程中缺乏相应的制度规范和物资支持，使得这些教师在授课的过程中，不能对生态环境保护知识进行良好的驾驭和把控，大多数的教师都是秉承"走一步看一步"的方式来组织生态文明观的教学，这就导致了在该项课程的教学形式和教学内容上带有了很大的不确定性和随意性。由于缺乏生态知识系统体系的规范，使得教师的教学过程显得有些杂乱无章，不能采用先进的教学方式，只能通过灌输式的教学方式来对相应的生态知识进行讲解，导致教学内容和形式与社会实际产生严重的脱节，最终的教学效果也必然不会尽如人意。

高校中所设定的生态文明教育课程时间较短，并且没有可以借鉴的相关经验，教学系统的建设不完善，再加上国家没有针对高校生态文明教育制定相应的规章制度，因此就导致高校内部没有建立起完善的生态文明观教育体系。在实际教学的过程中，也缺少专业的生态文明教育教师以及充足的教育资金支持，这就导致高校生态文明观教育中存在着诸多的问题和矛盾。

(三) 高校教育者队伍素质建设有待提高

在大学生成长与学习的过程中，高校教师在其中扮演着重要的角色，其在学生的整个生涯中有着不可替代的作用。教师自身的素质会对学生产生潜移默化的影响，因此在具备良好的人文素养和生态伦理道德的高校教师的引领下，学生也可以建立起正确的生态文明观。但不可避免的是，在当前的高校生态文明教育师资队伍中，也存在着一定的问题，具体来说，主要表现在以下几方面：

1. 教师对生态文明教育不够重视

从上述中，我们已经得知，在很多高校中，生态文明教育没有引起足够的重视，但是对于相关的教师来说，如果在对生态文明课程进行讲解过程中，也没有对该课程引起足够的重视，那么在对该项课程进行讲解的之前，就不会花费过多的时间和精力，这不仅是对自身职业素养和职业精神的背叛，同时对于提高学生的生态保护意识也是极为不利的。对于教师自身来说，如果不能拥有良好的职业道德素质，那么所教授出来的学生所拥有的能力也是极为有限的。

2. 教师专业素质不足

为专门从事为生态文明教育的教师所提供的专业素质提升平台较少。在对我国的教育机构进行设置的过程中，还没有对生态教育设置专业的能力提升培训机构。这就使得高校教师对生态文明的教学能力没有提升的渠道，最终所获得的教学效果也差强人意。

3. 教师数量不足

从事生态文明教学的专业教师数量较少，并且所具备的专业教学能力不高。由于教学资源的限制，对于很多教师来说，其自身也没有接受过生态文明教育的培养，因此在进行教学的过程中，能够教授学生的生态知识内容极为有限。其教学效果的实现，会受到自身生态伦理观、价值观、审美观以及生态学、环境科学等方面的影响，如果教师在这些方面都缺乏相应的专业知识储备，那么最终所获得的生态文明教学效果肯定会大打折扣。

（四）高校大学生生态文明意识淡薄

从当前大学生所具备的生态文明观上来看，大多数只停留在感知的初级层面，还没有上升到理性认识层面。这就造成当前大学生所具有的生态文明素质较低，并且所具有的生态环境保护意识也极为淡薄。出现这种情况的原因，主要表现为以下几方面：

1. 传统教育模式的限制

长时间受到传统教学模式的限制，使得大学生在对生态文明学习的过程中，通常会通过灌输的形式来获取知识，没有养成主动学习和探索的良好习惯。此外，高校对于生态文明观教育不够重视，使得很多学生最为关注的仍然是对自身专业课知识的学习，从而忽略了对自身生态文明意识的提高。

2. 经济发展模式的影响

我国在实行改革开放之后，经济实现了快速的发展，但是经济高速增长的背后，却是以严重破坏生态环境的巨大代价所换来的。在当时的情况下，如果生态文明的观念还没有在全国范围内普及开来，使得用人单位在对人才进行选拔的过程中，只是看重学生的专业技能，这就在很大程度上对学生的思想观念造成了影响。他们认为生态文明观教育可有可无，因此这就造成大学生的生态文明素质始终无法得到提高。

3. 环保意识的缺失

大学生在日常生活中缺乏生态环保意识。由于学校和学生对生态文明教育没有引起足够的重视，导致学生没有建立起良好的生态文明意识，在日常的生活和学习中，也就缺少了生态文明观对其行为的限制和约束。很多学生在生活中没有节俭的意识，学校免费提供的用水造成了极大的浪费。并且为了自己的方便，在饮食方面大量使用一次性的塑料袋和筷子。此外，学生在打印资料的过程中，不会采用双面打印的形式，这都是对资源的一种严重浪费，不利于对生态环境的保护。这些行为都普遍存在于大学生日常的学习和生活中，这些不良的生活习惯，对于大学生生态文明意识的形成了很大的阻碍。

第二节　生态文明观教育的目标与内容

人才是国家未来发展的关键所在，因此在对当前的教育模式进行改革的过程中，必须要将对人才的培养放在首位。高校是培养优秀人才的主要场所，大学生作为高校教育的主要对象，加强对他们的生态文明观教育具有重要的现实意义。

一、大学生生态文明观教育的目标

（一）努力锻造大学生健全的生态人格

当前我国社会正处于转型的关键时期，要逐渐从工业文明向生态文明进行转变。在这种社会背景下，对大学生的培养也必须要紧跟时代的步伐，要满足生态文明建设的需求，未来所培养的大学生要具有生态人格，这是与社会主义生态文明建设相适应的。所谓的生态人格，指的是凝聚和内化了体现在个体自身的生态道德规范和准则，能够充分体现出人的生态道德认知、意志、情感、行为，这是道德品质和道德人格的新的表现形式，符合社会主义生态文明对人才的发展要求。

生态人格的特征是，要实现人与自然间的和谐发展，促进人才的全面发展。对于高校教育来说，其主要目的是要为社会发展培养其所需要的人才，不断向社会输送大量的人才，这才是高校活动的最终目的。因此，高校必须要承担起培养学生生态人格的重任，这不仅是高校所应承担的义务，同时也是生态文明教育的主要目标。

（二）推动大学生成为生态文明的宣传者和实践者

在全面建设中国特色社会主义生态文明的过程中，大学生在其中承担着重要的责任。对于大学生来说，他们是生态文明观教育的主要对象，同样也是生态文明的主要宣传者和生态文明保护的主要实践者。这是因为，高校所推行的生态文明观教育的对象就是广大的学生。而大学生在接受生态文明教育之后，又会将学到的相关知识传授给他人，大学生就在生态文明知识传播的过程中，起到了重要的桥梁作用，成了知识的转播者。新时代环境下所培养出来的大学生，拥有者敏锐的思维和创新的思想意识，他们会通过自己独特的方式将所掌握的生态文明知识传授给他人，使得生态文明观念可以获得更大的传播范围和渠道。此外，大学生在高校中，还可以组织成立校园环保社团，通过不同的活动形式来向他人进行生态文明知识的传播，以此提高周围其他人的生态文明意识。

（三）全面提升大学生各方面素质

高校实行生态文明观教育，其主要目的是要在实现人与自然和谐相处的基础上，提高大学生的综合素质，实现大学生的全面发展。传统的高校在思想政治教育中，所关注的通常只是对学生政治、经济、文化等方面的教育，很少会涉及对大学生态文明观的教育，这就导致大学生在成长的过程中，缺失了对自身生态文明观念的培养。在这种情况下，高校就必须要注重对生态文明观的教育，让学生认识到人与自然之间是一个相互统一的关系，二者只有在和谐相处的前提下才能实现进一步的发展。在对大学生的教育中，要使其正确认识到人在自然中所处的位置，要对生态文明的内涵有正确的认识和全面的把握，将人与自然和谐发展的理念牢记于心，并始终将其作为指导思想，对自身的实践行为进行规范和约束，充分将理论运用到实践当中，全面提高大学生的综合素质。此外，对于高校来说，要经常组织与生态文明教育相关的实践活动，有计划、有组织地对大学生在生态文明方面的技能进行训练和提升，并引导他们将这些生态保护技术运用到实践当中，缓解环境污染问题，为自身及他人的生活和发展营造一个良好的环境。

二、大学生生态文明观教育内容

（一）熟练掌握生态文明知识

对大学生进行生态文明知识教育，可以从以下两方面入手：

1. 生态现状教育

我国在进入工业社会之后，不仅满足了人们的需求，同时也便利了人们的生活。但不可避免的是，在工业化社会发展的过程中，对我们的环境造成了极大的破坏，经济的发展严重破坏了生态环境，这对人们的生活也造成了很大的困扰。当前，对大学生所进行的生态现状教育，最为重要的是对其进行生态危机教育，让学生深刻认识到当前人类环境正在遭受的巨大危害，并认识到这种危害对人类的身体健康以及社会发展所造成的严重后果，以此来增强他们的生态危机意识。

2. 可持续发展观教育

该方面的教育主要包括两方面的内容：一方面是"需要"，指的是必须要认识到世界上的贫苦人民需要有正确的认识；另一方面是"限制"，指的是我们必须要正确处理眼前利益和长远利益，在对各项自然资源进行开发的过程中，要注意进行限制，使资源的开采不仅要能够满足现代人发展的需要，同时还要能够满足下一代人发展的需要。因此，在对大学生进行生态文明观教育的过程中，要对大学生的学习内容进行拓宽，将可持续发展教育纳入其中。

（二）树立良好的生态文明观念

帮助大学生树立起良好的生态文明观念，可以从以下两方面入手：

1. 生态价值观

这是人类对自然界的主观认识，需要在人类与自然利益关系的基础之上来进行评价，其主要目的是要人们认识到人与自然发展过程中所必须遵循的一些规律性。对大学生进行生态价值观教育，是要让学生认识到，人与自然之间的关系是协调统一的关系，人类是自然界的组成部分，二者有机统一在一起。在二者共同发展的过程中，其中的任何一方出现了问题，那么的对于整个生态系统来说，也将面临巨大的发展危机。通过对生态价值观教育的开展，可以让人们认识到，只有在遵循自然规律的基础之上，才能实现人的全面发展。在这一过程中，人类并不是要被动的对自然进行适应，更不是要对自然造成破坏，而是要实现人与人、人与社会、人与自然的和谐发展。因此，生态价值的正确性，将影响到整个生态系统是否处于平衡的状态。同时，大学生对于自然的尊重与爱护，也是一个国家文明发展的重要表现。

2. 生态法治观教育

指的是在提高大学生生态保护意识的同时，还要加强对他们的环境法律意识，认识到依法治理环境的重要性，能够在日常活动中，能够按照相关的法律依据，自觉对自身的活动进行规范，提高自身的综合环境素养，实现人与自然的和谐相处。道德同样可以对大学生的行为进行约束，通过生态道德教育，可以让学生从伦理的角度来正确看待人与自然之间的关系，强调的是大学生的义务。生态道德教育是环境法律的一种重要补充形式，在环境保护方面，同样也发挥着重要的作用。

(三) 积极参与生态文明建设

对大学生进行生态文明教育的主要目的是：在大学生掌握了夯实的生态文明知识之后，可以将其运用到实践当中，对大学生的行为进行指导和约束，从而减少环境污染，缓解生态危机。具体来说，可以通过以下方面入手：

1. 合理的消费观教育

对大学生进行生态文明实践教育，必须要遵循一个重要前提，就是要对大学生进行合理的消费观教育。当前我国经济发展中，面临着诸多的环境问题，包括环境污染、资源缺乏和能源危机等，面对这种情况，人类应当对自身的行为进行反思，改变以往不良的消费习惯，养成正确的消费观。此外，人们在未来进行生产和消费的过程中，必须要始终都将生态环境放在首位，时刻对自身的行为进行约束。人们合理消费观的建立，对于人类和社会可持续发展的实现具有重要的意义，同时还可以对人们的生存环境进行改善。大学生作为一个独立的消费群体，其消费行为在整个社会消费群体中也有着重要的影响作用。大学生在思想上仍处于成长期，无论是人生观还是价值观的形成都不够完善，因此必须要对大学生的消费观念进行正确引导，帮助其建立起合理的消费观，这对于大学生建立起正确的人生观和价值观也具有重要的意义。

2. 科学的实践活动教育

为了提高大学身的生态环境保护意识，高校可以组织不同形式的实践活动让学生参与进来，以此来对生态文明知识进行深入的了解，掌握生态保护技能。首先，引导大学生在生活和学习中要注重细节问题。例如：大学生在生活中要注重对垃圾进行分类，便于垃圾的回收和再利用；此外，在生活中要尽量减少对一次性塑料制品和筷子的使用，减少对资源的浪费。其次，要充分利用生态教育基地。对大学生进行生态文明观念教育的过程中，要充分利用自然保护区、生态博物馆、海洋生物馆等生态场所，学校可以定期组织学生到这些场所进行参观和学习。再次，在大学生生态文明教育实践中，要充分利用校园社团的组织活动。在高校中，社团组织的存在具有很大的普遍性和广泛性，因此在通过这些社团进行绿色校园活动的开展，可以全面激发起学生的参与热情，提高活动的实效性。

第三节　强化生态文明观教育的路径探讨

生态文明理念是当前时代一种新型的发展理念，从生态文明理念的出现到全社会的认可需要漫长的过程，生态文明理念虽然已经被大多数人所接受，但是从实际效果上来看还有很长的路要走。高校作为培养高端人才的主要阵地，肩负着为社会主义现代化建设培养人才的重要使命，因此在高校开展生态文明观教育，培养大学生的生态文明理念，帮助他们养成良好的环境保护习惯，对于建设社会主义生态文明具有非常重要的意义和作用。

一、充分发挥理论课教学的主渠道功能

课堂是对学生进行教育的主要阵地，对于学生树立良好的生态文明观念具有重要的意义。就目前我国高校生态教育课堂的实际状况来看，在生态文明课堂理论教学中还存在很多不足，在未来的发展中我们要不断改革与完善理论课课堂功能，为学生生态文明观的教育与培养奠定良好的基础。

(一) 增强思想政治教育课堂教学的时效性

理论课是大学生学习知识的主要途径，在知识的传授中理论课具有其他教学方式所不可替代的作用。理论是每个大学生都要学习的课程，因此将生态文明教育理念融合在大学生的课堂教育之中，不仅能够强化大学生对生态文明的认识，还可以有效的帮助大学生树立科学的生态文明观。

1. 以马克思主义思想为主导构建教学内容体系

马克思主义生态思想的内容层次较为丰富，并且蕴含了很多哲学思想与历史要素，其科学性与逻辑性得到了很好的印证。马克思主义的生态思想，为生态文明观的出现奠定了基础，对于指引当前我国的社会主义生态文明建设的发展方向具有非常重要的意义。马克思认为人是自然界的一部分，同时自然界也是人类生存的一个部分，如果没有自然资源与自然环境的和谐也就没有社会的发展与进步。尊重自然是我们对自然界进行认识与改造的基础，也是人类开展生态文明，促进生态文明建设的重要思路和基本要求。

2. 不断改革与创新课堂教学方法

传统的灌输式教育在信息沟通与交流高度便捷的今天，思维模式和信息交流方式的变化使得传统的教学方式很难适应时代的发展，我们要不断地对传统教学方法进行改革与调整。在现代课堂教学当中，很多新的教学方法被应用到理论课的教学当中，比如互动式教学、启发式教学、讨论式教学以及实验教学等方法。

对于生态文明理论的教学要根据学生的实际情况以及生态文明理论的特点，选择合理的教学方法，在对学生进行理论知识教学的过程当中，树立学生的生态文明意识。此外，理论教学要与实践紧密地结合起来，通过理论与实践的双重作用，帮助学生树立科学的生态文明观。

3. 不断优化理论课教育与教学结构

理论教学抽象性强，因此在教学过程中要适当地对教学结构进行调整，减少理论知识讲解的时间，通过案例、讨论、互动等方式增强课堂的吸引力和趣味性。除此之外，在教学过程当中要充分结合学生的年龄特点和心理特点，选取一些学生关心并且感兴趣的话题，来增强学生对理论知识学习的兴趣，保证理论教学的效果。

(二) 保持生态文明理论课堂教学的权威性

目前来看关于大学生环境保护理念培养的理论教学大多数停留在比较浅的层次。从当前高校教育的重点来看，专业技能以及专业知识是教学的重点，思想教育以及价值观的塑造在教育中一直处于次要的地位，这使得生态文明理论课堂的权威性被削弱。想要改变这一状况可以从以下三个方面入手：

1. 树立起理论课课程设置的权威性

"要想做事，先学做人"这一基本认识，是我们坚持科学教育理念，组织教育教学活动的基本准则。在高校学生生态文明价值观的塑造过程中，要进一步明确生态文明价值理念教育的重要意义，逐渐树立生态文明价值观念理论教育与教学的权威性。

2. 配备具有权威性的师资力量

生态文明理论课程范围广泛，并且涵盖哲学、生态学、管理学、社会学等多个学科的知识，在教学过程中应该开展全面的理论教学活动，不能只注重某一个方面的教育。由于涉及的科学领域众多，因此在安排生态文明理论课程教师的过程中，要选用专业性强、权威性强的教师。

3．增强课堂教学成果评测的权威性

在课堂理论教学过程中，学校应该将对学生学习成果的测评标准进行拓展，不能将成绩作为衡量教学效果的唯一标准。在高校生态文明理论教育的过程中，帮助学生树立科学的生态文明价值理念是进行生态文明理念教育的根本目的，因此在教学效果的评价上，应该综合学生的表现来具体确定。从当前的状况来看，无论以哪种课堂教学评价标准为基础，都要将大学生对生态文明价值理念的认识与理解放入评价体系当中。

二、努力营造高校良好生态文明观教育的氛围

大学时期是人生中重要的成长阶段，虽然学生在价值观和人格上还未成熟，但已经开始独立的思考与认识事物，逐渐成为一个成熟的社会个体。在大学阶段由于学习与生活相对开放，因此外部因素对学生价值观的影响比较大，为了保证大学生的健康成长，高校、社会、家庭要肩负起自己的责任，为大学生健康的成长创造一个良好的环境。就生态文明观的教育来说，学校、家庭和社会在大学生生态文明价值观的塑造中应该承担的责任如下：

(一) 构建良好的校园生态文化环境

校园文化是由多种文化构成的一个文化综合体，比如校园物质文化、校园精神文化、校园教育文化等等。校园生态文化作为校园文化的一个组成部分，与学校文化的精神内核有着密切的联系，因此在生态文化观念渗透与推广的过程中，应该以校园文化为切入点，从整体到部分对校园文化的生态文明价值认识进行推广，达到营造良好校园生态文化环境的目的。[①]

校园生态文化强调人与校园环境的和谐统一，具体来说可以从物质层面、精神层面以及制度层面进行具体的分析。

1．物质文化的生态化

物质是文化价值追求最直接的体现，生态文明价值理念的物质表现出强烈的

---

① 陈万柏，张耀灿. 思想政治教育学原理. 北京：高等教育出版社，2011，第 96 页

生态意识与环境保护意识。比如在校园生态文化的建设中，要保证建筑布局和建筑结构的合理性，保证绿地植被的校园覆盖面积，完善建筑物及基础设施的生态功能等。

2. 校园精神文化的生态化

精神文化蕴含在学校的历史演变以及各种实践当中，生态文明精神蕴含在精神文化当中。教师和学生在对学校的生态环境进行维护的时候，实际上也是在对学校传统、校风进行维护，比如利用学校内的展示牌以及广播设备对环保理念进行宣传。因此，在对学校精神文化生态思想记性培养与传承的过程当中，应该充分利用学校自身具备的条件，开展全方位的生态思想宣传活动。

3. 学校制度的生态化

学校的制度从管理层次上来说包括学校管理制度、院系管理制度、班级管理制度以及宿舍管理制度，这些管理制度与生态文明理念的融合能有效提升学校生态文明理念的普及与发展。比如，学校在管理当中可以制定学生节约用水办法、保护校内花草办法以及节约粮食办法等。

(二) 优化大学生生态文明观教育的家庭环境

家庭是学生性格养成以及价值观定型的第一场所，在思想理念的教育与培养中具有重要的地位。马克思与恩格斯曾就家庭对人成长的影响进行过分析，他们认为家庭关系(夫妻关系、母子子女关系、兄弟姐妹关系)对人最初的价值观的形成具有直接的影响作用，并且在进入学校或者社会家庭时对个人价值取向的影响仍然是不可忽视的。生态文明理念的培养实际上也是属于价值观塑造的教育领域，在这个生态文明价值在培育的过程中要充分重视家庭教育的作用，父母应该用实际行动为孩子做出表率。

1. 家长应当注重提升自身的生态文明意识

父母作为孩子最初的行为模仿对象，对于孩子思想观念的启蒙以及行为习惯的养成具有重要的作用。在生态文明教育中，父母首先应该树立牢固的生态文明理念，通过自己的行为来对孩子生态文明习惯和生态文明思想的形成奠定基础。空闲时间，父母可以多了解生态知识，带孩子参与亲近自然的各种家庭活动，提高他们对大自然的热爱。

2．对家庭的生活方式做好预期的规划

在对孩子的生态文明思想进行培养的过程中，父母可以根据低碳生活的理念合理规划生活模式，并端正自己的消费观念，不仅要节约同时也要保证生活习惯的生态合理性。消费观对孩子的影响非常深远，父母不攀比、不从众会为孩子树立良好的榜样，促进他们健康消费观和消费行为的形成。在当前的社会生活中，攀比与从众是两个非常常见的消费陋习，很多父母自己都难以克制并规划好自己的消费行为。因此在引导孩子生态文明消费习惯形成的过程中，首先要端正自己的消费观念与消费习惯，才能为孩子树立良好的榜样，促进孩子生态文明观念的形成。

3．通过沟通构建和谐的家庭氛围

父母要与子女多交流、多沟通，这是调节家庭父母子女关系，构建和谐家庭的重要方式。父母与子女的情感交流可以通过各种家庭活动实现，比如父母与子女参与亲近自然的家庭活动。这样的活动不仅可以有效地实现父母子女之间的情感交流与沟通，还可以培养孩子与自然的亲近感，促进孩子生态文明理念的形成。

（三）净化生态文明观教育的社会风气

社会主义建设新时期，大学生的生态文明理念的培养与形成需要保证社会环境和社会氛围的和谐。随着我国对环境保护力度的不断增强，环境部门加大了环境保护的宣传与教育活动，虽然还建立起全民参与的环境保护体系，但环境保护已经形成了一定的社会舆论氛围，并激励了一部分人参与到环境保护的实践活动当中。从社会教育的角度来说，大学生生态文明观的教育与培养应该做好以下几点：

1．全社会需共同努力，创设良好的生态文明观教育环境

在生态文明社会的建设中全社会应该倡导生态文化教育，注重生态文化环境的塑造，通过生态社区建设、生态城市建设调动整个社会参与生态文明建设以及生态文明理念推广的积极性。在生态文明社会的建设中，可以通过生态公园、森林公园、自然保护区等生态措施为学生开展生态文明理念教育提供天然的实践基地。社会媒体应该肩负起自己的责任，无论是传统的电视、广播、报纸媒体，还是新型的网络和移动平台都要对生态文明理念进行全方位的宣传，创造良好的社会舆论氛围。

2．努力提升全体公民的生态文明意识和素养

公民的生态意识是创造良好的生态文明教育环境，提升全社会生态文明建设热情的关键因素。通过宣传教育提升公民的生态文明理念，让公民认识到生态环境对人类发展的作用，能够有效地提升学校生态文明教育的效率。在生态文明建设的过程当中，虽然社会个体的力量是薄弱的，但是如果能够统一思想，形成一致的生态文明观念与生态保护思想，那么人民群众的作用是巨大的，而高校生态文明教育也将以此获得更好的发展。

三、健全大学生生态文明观教育的保障措施

在工业生产的负面影响之下，生态环境的保护与面临着很大的困难，生态文明社会的建设也因此显得更加迫切。高校作为国家未来人才培养的基地，在生态文明教育以及生态文明社会建设中发挥着不可替代的作用。就目前来看，高校应该将生态文明教育的重点放在学生生态文明价值理念的塑造与培养上，从意识层面入手培养一批具有高度生态文明自觉的优秀人才。为了保障高校生态文明教育的推进和大学生生态文明意识的形成，我们应该从以下几个方面入手，对大学生生态文明教育提供可靠的保障。

(一) 完善生态文明观培育的法律法规

大学生生态文明观的形成是在学校教育、社会引导以及家庭影响的共同作用

下形成的，为了保证大学生生态文明意识的培养的稳定性，还需要从法律和制度层面对生态文明教育进行保障。

1．加强生态文明及教育立法

生态文明立法惩罚破坏生态环境行为，是保障生态文明社会建设的重要方法。在大学生生态文明教育中想要取得突破，不仅需要对生态文明社会建设进行立法保障，还要将生态文明建设与教育立法以及教育制度的制定结合起来，为高校生态文明教育提供强有力的法律保障，比如《高校生态文明法规》、《生态文明观教育法》、《高等学校生态教育法》等。相信在法律的保障与促进下，各种违反生态文明社会建设的教育行为将会逐渐得到改善，大学生生态文明理念教育也将取得更好的效果。

2．相关部门应制定有效的保障制度

政府的相关部门的行政规定和管理制度对于高校生态文明教育以及大学生生态文明意识的培养也具有非常重要的保障作用。政府制度的作用是敦促生态文明法律的执行，保证法律的作用能够得到最大程度的发挥。在生态文明教育管理制度的保障之下，生态文明教育法律规范将会得到有效实施，高校生态文明教育以及生态文明意识的培养必将得到更好的发展，为我国生态文明社会的建设提供可靠的保障。

3．要做好生态文明观教育法律法规的宣传工作

生态教育法律在制定之后需要被人们了解，这是保证生态教育法律能够有效推行的重要保障。法律宣传的途径有很多，网络、电视、报纸都可以作为生态教育法律有效的宣传手段。生态法律在社会的普及不仅可以让人们意识到生态文明建设的重要性和紧迫性，还能够为各项生态文明社会建设的措施得到更好的保障。

（二）构建大学生生态道德教育的评价体系

大学生生态道德教育的评估工作是大学生生态文明教育的重要组成部分，在生态文明理念的指导下制定合理的评估标准，对大学生的生态文明教育进行评估，对大学生的生态文明价值理念进行评估，对于当前高校生态文明教育具有重要的意义和作用。生态道德教育的评估应该建立标准化、全面化的价值理念，促进生态道德教育工作的提升，一般来说需要从以下三点入手：

1. 应当注重对生态道德教育的组织者进行考评

对于组织活动的成果评价是衡量组织工作效率性的重要依据，也是保证组织工作能够达成既定目标重要依据。因此，在生态文明道德教育过程中，要对组织者与教育者的综合素质和生态文明理念价值进行评估，从而保证生态文明建设的成效。

2. 注重对大学生进行考核与评价

对大学生评估也是评估体系中的重要内容。大学生是进行生态文明价值理念学学习的主体，在生态文明价值理念的教育中处于重要的地位，如果我们不能有效地对大学社生的学习需求、学习兴趣进行了解与评估，那么很难激发学生学习的兴趣，影响教学活动的效率。

3. 建立多样化的考核机制

在任何教育体系当中，考核与学习成果的评价都是不可缺少的组成部分。从这一点来看，建立大学生生态道德评价标准与制度也是完善当前大学生生态文明教育体系的一个重要组成部分。在评价体系建立的过程中要注意考核形式与评价标准的多样化，比如奖罚体系、沟通交流体系、分析评估体系等。

(三) 建立健全高校生态文明观教育保障制度

制度是组织机构能够正常运作的基础保障，制度的缺失会造成组织机构运作的混乱和工作效率的降低，甚至造成运作的瘫痪。建立健全当前大学生生态文明教育可以从以下三个方面来切入：

1. 高校需建立一套行之有效的生态文化建设的管理体系

高校学生生态文明管理体系的建立能够有效地促进生态文价值理念教育工作的推行，对于提升大学生生态文明教育效果具有很强的保障作用。因此，学校促进大学生生态文明教育的过程中，可以建立有效的生态文明教育管理体系与管理制度，将各个部门的责任明确起来，切实保障各项措施的运行。

2. 建立有合理的互动机制，增强生态文明工作的落实

高校承担着教育教学、学生培养以及科学研究三个主要的任务，学校应该根据当前大学生生态文明教育的实际状况，将高校的主要任务与生态文明教育联系起来，有效推动生态文明教育的工作的开展，在高校承担的三个任务当中，都要明确工作责任，安排专门的人员负责相关工作，增强高校生态文明教育工作落实的有效性。

3. 做好生态文明观培育的检查总结工作

检查与总结是保证工作能够达到目的重要手段，在大学生生态文明教育中也必须加强各项工作的检查与教学效果的总结，以推动大学生生态文明教育工作的发展。高校生态文明教育工作检查能够有效地保证各项过工作在实施过程中按照既定的路线和目标前进，而生态文明教育成果的总结可以为生态文明教育工作的改进提供有效决策依据。

四、组建一支高素质的生态文明观教育师资队伍

（一）完善教师队伍建设

众所周知，教师的行为对学生价值观的塑造具有直接的影响作用。高校理论课的课堂教育当中，教师在其中发挥着十分关键的作用，是生态文明教育工作的主要实施者和承担者。教师在教学过程中采取的方式影响着学生对生态文明价值观学习的兴趣，也影响着学生对生态文明价值理念的认识，这种影响虽然没有突出的外在表现，但对大学生生态文明价值观塑造的作用却不可忽视。因此，要保证大学生生态文明教育的效果，必须对教师队伍的素质进行提升，使其能够更加专业的参与到大学生生态文明教育活动当中。从目前大学生生态文明教育的现实来看，教师队伍存在的问题主要有以下几点：

1．专业生态教育教师数量不足

从目前我国高校教育的现状来看，具有专业从业资格的生态文明教育教师缺口较大，很多学校开展生态文明文明教育都是由其他思想教育方面的老师兼职。为了解决当前我国高校专业生态文明教育教师数量不足的问题，应该将人才的引入作为当前高校生态教育教师培养的重要途径，提升我国生态教育的质量。此外，高校也必须加强对高校生态文明教育教师专业能力的培养与提升，对教师进行专业知识的培训，提升他们的专业素质。

2．生态文明教育教师素质欠缺

对于生态文明专业的教师，高校应当有相应的措施鼓励教师多参加学术交流，在交流中学习他人的经验，提高自身专业水平。同时，高校也可定期举办生态方面的学术交流活动，聘请专家学者进行讲座、指导。对于非本专业的教师来说，高校应当定期或按时组织其进行生态文明教育的相关培训，举办与环境保护相关的主题活动，还可以组织非本专业教师参加生态文明的学术论坛进行学术交流，在不断学习和交流的过程中达到专业教师的水平要求，并在教学中将所学生态知识传授给学生。此外，高校辅导员、班主任和行政管理人员的生态文明培训也十分必要，其中，辅导员和班主任对大学生生活起到直接的管理作用，其自身行为影响着大学生的行为举止，因而，对他们的生态文明观教育理应受到学校的高度重视。

(二) 提高高校教师的生态文明素养

我国高校教师生态文明素养参差不齐，整体水平低下，这对大学生生态文明观教育的全面发展极其不利。为了提升高校教师的生态文明水平，需要做到以下两点：

1．提高教师的生态文明教育意识

生态文明教育观的主要开展渠道是教师负责的生态理论课程，但从当前大学生生态文明理论教育的内容来看，道德规范、政治信仰占据了教学的大部分比例，关于生态文明教育的内容并不多。为了改善这一状况，学校应该组织教师开展生态文明教育意识培养活动，提升生态文明教育意识在教师心目中的地位，改善当前理论课生态文明理论教育不足的现状。此外，学校要根据教学实际合理地进行生态文明教育的教材开发，结合学校的教育状况与学生状况，完善与现实相匹配的教学内容。

2. 要着力提升教师的生态理论水平

教师课堂教育的效果对于学生的学习效果具有非常重要的影响，因此提升教师的理论教学水平也是生态教育工作重要组成部分。教师理论教学水平的提升可以通过两个途径实现：第一个途径是加强对教师的教学能力的培养，组织他们到生态文明教育开展基地进行参观学习，提升自己的理论素养与实践水平；第二个途径是高校要对教学工作进行适当的组织与调整，建立教师责任制，并设定相应的惩罚与奖励措施，激发教师的积极性与紧迫感，促使他们自觉提升自己的生态文明教育水平。

（三）鼓励教师积极参加生态文明实践活动

古人有云：其身正，不令而行；其身不正，虽令不从。因此，教师在身教言传的同时也要做到率先示范、以身作则，将言传与身教相统一。这样既能使教师的生态行为得到学生的尊重，给学生起到表率的作用，还能为教师塑造一个高尚人格，有利于和谐师生关系的构建。这就要求教师在教学工作和日常生活中都要身体力行，自觉做到以生态文明观规范自身行为，正面感染和指引学生。

教师在开展生态文明实践活动的过程中以身作则地教育和引导学生，是开展大学生生态文明观教育的重要方式。教师应充分利用教学活动和日常生活中的时机进行生态文明的学习和实践，累积经验，从而把生态知识更好地教授给学生。在教学活动中，教师应当组织生态环境知识方面的演讲、讲座等，及时发现自身不足之处，完善生态知识体系。教师还可以带领学生进行生态环境模拟实验，让学生体验到野外生态环境为其带来的惊奇和震撼，激发起学生的兴趣，使其参与到生态文明学习中来。同时，高校应重视生态文明师资培训，给予充分的经费支持，并鼓励专业领域的教师开展生态文明实践研究，对取得研究成果的教师进行一定的嘉奖和表彰，以增强教师的积极性和主动性。

参 考 文 献

[1]马克思恩格斯选集(1-4卷)[M]．北京：人民出版社，2012．

[2]列宁选集(1-4卷)[M]．北京：人民出版社，1972．

[3]毛泽东选集(1-4卷)[M]．北京：人民出版社，1991．

[4]邓小平文选(1-3卷)[M]．北京：人民出版社，1993．

[5]姬振海．生态文明论[M]．北京：人民出版社，2007．

[6]何爱国．当代中国生态文明之路[M]．北京：科学出版社，2012．

[7]钱俊生等．生态哲学[M]．北京：中共中央党校出版社，2004．

[8]季铁军．人类生存环境伦理[M]．北京：科普出版社，2000．

[9]韩孝成．生态文明的基本特征及其建设的战略对策，载《中国环境科学学会学术年会论文集》[M]．北京：中国环境科学出版社，2010．

[10]陈丽鸿、孙大勇．中国生态文明教育理论与实践[M]．北京：中央编译出版社，2009．

[11]蒋高明．中国生态环境危急[M]．海口：海南出版社，2011．

[12]江家发．环境教育学[M]．芜湖：安徽师范大学出版社，2011．

[13]廖福霖．生态文明学[M]．北京：中国林业出版社，2012．

[14]刘湘溶．我国生态文明发展战略研究[M]．北京：人民出版社，2013．[15]程伟礼，马庆．中国一号问题：当代中国生态文明问题研究[M]．上海：上海学林出版社，2012．

[16]万劲波，赖章盛．生态文明时代的环境法治与伦理[M]．北京：化学工业出版社，2007．

[17]陈学明．生态文明论[M]．重庆：重庆出版社，2008．

[18]黄养生，邓卓明．青年思想政治教育专论[M]．北京：中央文献出版社，2005．

[19]江泽民．在中国共产党第十五次全国代表大会上的报告[M]．北京：人民出版社，1997．

[20]江泽民．正确处理社会主义现代化建设中的若干重大关系[M]．北京：人民出版社，1995．

[21]张耀灿，陈万柏．思想政治教育学原理[M]．北京：高等教育出版社，2011．

[22]张耀灿，郑永廷．现代思想政治教育学[M]．北京：人民出版社，2001．

[23]王东红．历史与实践自身运动[M]．北京：社会科学文献出版社，2012．

[24]徐厚道．心理学概论[M]．北京：北京工业大学出版社，2005．

[25]徐辉，祝怀新．国际环境教育的理论与实践[M]．北京：人民教育出版社，1998．

[26]薛晓源，李惠斌．生态文明研究前沿报告[M]．上海：华东师范大学出版社，2006．

[27]黄生成．高校思想政治教育及其生态化发展研究[M]．长春：吉林大学出版社，2015．

[28][德]黑格尔著，朱光潜译．美学[M]．北京：商务印书馆1979．

[29]蕾切尔．卡森著，吕瑞兰、李长生等译．寂静的春天[M]．上海：上海译文出版社，2011．

[30]刘光华．生态文明视阈下大学生人格培育研究[D]．济南：山东师范大学，2013．

[31]李静．高校生态文明素质教育路径研究[D]．郑州：河南师范大学，2012．

[32]陈新芝．思想政治教育视域下云南高校学生生态文明观教育研究[D]．昆明：云南大学．2016．

[33]周汉民．生态文明与美丽中国[J]．上海市社会主义学院学报，2012，06．

[34]方大春．美丽中国战略路径：建设生态文明[J]．当代经济管理，2014，07．

[35]刘贵华，岳伟．论教育在生态文明建设中的基础作用[J]．教育研究，2013，12．

[36]姜赛飞．论高校生态道德教育进课堂的必要性[J]．中南林业科技大学学

报，2011，04.

[37]姜树萍等. 大学生生态文明意识培育与践行能力提升路径[J]. 呼伦贝尔学院学报，2011，02.

[38]周宏春. 生态文明建设的路线图与制度保障[J]. 中国科学院院刊，2013，02.

[39]王如松. 生态文明建设的控制论机理、认识误区与融贯路径[J]. 中国科学院院刊，2013，02.

[40]陈军等. 中国生态文明研究：回顾与展望[J]. 理论月刊，2012，10.

[41]冯之浚. 生态文明和生态自觉[J]. 中国软科学，2013，02.

[42]王晓广. 生态文明视域下的美丽中国建设[J]. 北京师范大学学报(社会科学版)，2013，02.

[43]张文斌，颜毓洁. 从美丽中国的视角论生态文明建设的意义与策略——从党的十八大报告谈起[J]. 生态经济，2013，04.